田志刚 / 著

你的知识需要管理

辽宁科学技术出版社
沈 阳

图书在版编目（CIP）数据

你的知识需要管理 / 田志刚著. —沈阳：辽宁科学技术出版社，2010.3（2024.7 重印）

ISBN 978-7-5381-6250-9

Ⅰ. ①你… Ⅱ. ①田… Ⅲ. ①知识学—通俗读物 Ⅳ. ①G302-49

中国版本图书馆 CIP 数据核字（2010）第 027103 号

出版发行：辽宁科学技术出版社
（地址：沈阳市和平区十一纬路 25 号　邮编：110003）
印 刷 者：辽宁新华印务有限公司
经 销 者：各地新华书店
幅面尺寸：168mm × 236mm
印　　张：12
字　　数：150 千字
出版时间：2010 年 3 月第 1 版
印刷时间：2024 年 7 月第 18 次印刷
责任编辑：王　实
封面设计：黑米粒书装
版式设计：于　浪
责任校对：耿　琢

书　　号：ISBN 978-7-5381-6250-9
定　　价：25.00 元

联系电话：024-23284060
邮购电话：024-23284502
http: www.lnkj.com.cn
本书网址：www.lnkj.cn/uri.sh/6250

五步打造个人知识力(代序)

过去，
大学生被称作“天之骄子”；
“往来无白丁”是一件值得自豪的事情，
许多人靠一条信息可以发家致富；
……
现在，
许多人认识到学历顶多算一块敲门砖；
在农村的年轻人都可以用手机上网，便捷地获取信息；
淹没在大量信息和知识中的我们容易迷失方向；
……

反思一下自己的工作内容，你会发现我们都离不开对信息和知识的处理。我们的工作和生活大部分时间在与人沟通、开会、写文章、写报告、做决策与执行、监督与控制……

既然我们的主要工作就是处理信息和知识，那么——

如何才能提高自己处理信息和知识的能力？
如何才能更好地学习而不至于落伍？
如何更好地保存信息和知识，才能保证在自己需要的时候找到？
如何传递信息和知识，才能让别人知道自己知道，从而赢得更多机会？
如何使用自己的知识才能提升个人价值？
如何创造新知识并转化为实践，才能使自己成为行业或者领域的引领者？

我们生活在知识社会里，我们感觉自己在知识上好像出了什么问题，可是我们却无法找到答案……

问题在哪里?

社会的急剧变革让我们虽然走进知识社会，却一直没有找到适合自己的知识管理方式和方法，我们至今还在用管理体力劳动者的方式来管理知识工作者；在信息泛滥和知识爆炸的背景下，我们还不知道如何去合理应对。

——其实，所有这些都离不开我们基于PKM（个人知识管理）的个人知识力建设！个人知识管理好像是个很专业的词汇，甚至令人有点费解，其实它就在我们身边——我们每天都在做着个人知识管理的工作。

学习：生活在知识社会里，没有别的选择，我们每个人只有持续不断地学习。不学习肯定不行，但学习了也不一定行——我们应该学什么？如何高效率地学？有什么样的学习辅助工具?

保存：我们有限容量的大脑不可能将所有的知识都保存起来，而许多信息和知识也只是要求我们在需要使用的时候能够找到即可，那么如何充分利用各种工具保存我们的信息与知识呢？为什么我的电脑总是乱作一团使我找不到我需要的东西?

共享：每个人的价值都需要在与人合作后才能显现和提升，那么如何让别人愿意跟我们合作？机会为什么会光顾我们呢？关键的问题是“让别人知道你知道”，让别人了解你，信任你。实现这个目的的最简便可行的方法就是自己主动去做知识共享的工作，谁主动做了，谁就更有竞争力。

使用：“为什么我满肚子学问却没有用武之地”，在知识的使用部分，围绕个人知识使用中常见的问题，讲了如何使用自己的知识以产生价值，以及如何提升个人竞争力的具体方法。

创新：所有创新的前提都是知识创新，竞争的最高境界是通过持续创新的引领，从而将跟随者和“山寨们”远远甩在后面。通过阅读本书，在你消除对知识创新的神秘感后将会发现创新原来如此简单，每个人都可以参与创新与创造。

《你的知识需要管理》主要围绕个人知识管理中的学习、保存、共享、使用与创新五个环节展开。阅读本书后，你就会发现：现代人的知识竞争力来自于对这五个环节过程的管理而非仅指某个环节，所以试图打造个人知识力的你需要对整个过程予以关注和实践。

当读者阅读本书时，笔者建议先对全书进行通读，然后再根据自己的年龄、所处的环境、存在的主要问题，对五个环节中的一个或者几个进行深入研究。在每一个环节中都包括了相应的理念、方法和工具，请读者根据自己的需要进行选择。

总之，《你的知识需要管理》是一本力图帮助我们掌握个人知识管理的理念、方法与工具的书，帮助以处理信息和知识为主业的人迅速提高工作效率和能力，打造完美的个人知识力。

本书得以出版，首先要感谢的是知识管理中心（Knowledge Management Center）的朋友们，与他们的交流让我受益匪浅。其次，辽宁科学技术出版社的编辑王实先生给我的写作愿望以最后一“激”，他对书稿的认真编辑也令我感动。同时，顾永林、田心、黄岳、宋建敏、刘晓攀、赵朝振诸君在成书过程中都给了我很好的建议。最后，我还要感谢我的家人，没有他们的支持就没有这本书。

现代管理学之父德鲁克曾经说过：“知识工作者的生产率是21世纪管理的最大挑战。”本书围绕如何提高知识工作者的工作率和个人竞争力两方面做了系统的阐述，如果这本书能够激发你对个人知识力方面的关注和探索，那将是对我的莫大安慰和鼓励！

田志刚

2009年11月于北京

目 录

五步打造个人知识力（代序） ………………………… 3
测一测你的个人知识管理现状 ………………………… 15

第一章 你的知识问题

现在，所谓无知不是指没有知识，而是不会展示自己的知识、不会发挥知识的价值、不会发现新知识、不会学习新知识，也不去创造知识。对于主要靠知识谋生的知识工作者而言，你的知识管理过程是否运转自如，是个人发展和个人竞争力能否持续提升的关键。

第一节 有知识才有安全感 ………………………… 18
“联想不是家” ………………………… 18
好单位靠不住 ………………………… 19
好爸爸、好老公靠不住 ………………………… 19
“稳定”的职位也靠不住 ………………………… 20
我们依靠什么 ………………………… 20
赖以生存的知识力 ………………………… 21

第二节 你的“无知”现状 ………………………… 23
有了互联网你照样无知 ………………………… 23
别把数据、信息和知识相混淆 ………………………… 24
显性知识和隐性知识 ………………………… 26
知识工作者 ………………………… 28
未来 = 知识管理能力 ………………………… 28

第三节 你的五个知识问题 …………………………………… 30

学习知识——你会学习吗 …………………………………… 31
保存知识——用时能找到 …………………………………… 32
知识共享——让人知道你知道 ……………………………… 33
知识使用——让知识带来价值 ……………………………… 34
知识创新——用创新超越竞争 ……………………………… 34
三个案例看你存在的知识问题 ……………………………… 35

第二章 学习知识

不学习当然不行，但学习也不一定行。你必须知道要学习什么知识，获取什么知识；同时，学习任何领域的知识必须达到一定的深度，否则你的知识就是常识。而常识怎么可能给你带来个人的竞争优势呢？

第一节 为什么要学习 …………………………………… 42

不学习当然不行 …………………………………… 42
学习改变命运 …………………………………… 44

第二节 学习什么知识 …………………………………… 45

学习也不一定行 …………………………………… 45
你的知识根基 …………………………………… 46
确定你的学习方向 …………………………………… 48
你应该学到什么程度 …………………………………… 53
你的知识结构 …………………………………… 54

第三节 怎样学习 …………………………………… 55

确定你的学习方法 …………………………………… 55
获取知识的成本 …………………………………… 57
你的学习方法模型 …………………………………… 59
个人学习中的重要能力 …………………………………… 61

搜索引擎使用中的10个技巧 …… 63
学习的具体方法 …… 69

第四节 学习的工具列表 …… 76

搜索引擎 …… 76
维基、百科型网站 …… 78
问答型网站 …… 81
在线论文库 …… 81
信息评价工具 …… 82
信息订阅工具：信息找人而非人找信息 …… 83

第三章

保存知识

相信你一定遇到过这种情况：明明记得昨天看到一份资料，今天写报告时要用到，但花费很多时间四处寻找后却没有找到；需要一个朋友的联系方式，虽然自己知道曾经联系过，但却翻箱倒柜也找不到；看到互联网上的免费文件立刻下载，但下载后却很少去看！

第一节 恶习——无限制的保存 …… 86

家藏万G书 …… 86
该保存哪些知识 …… 88

第二节 分门别类和一个好名字 …… 88

你的文件分类方法 …… 89
个人文件命名体系 …… 90

第三节 电脑桌面满了 …… 91

电脑中最混乱的地方 …… 92
六招清爽你的电脑 …… 92

第四节 互联网空间 …… 95

有价值的东西永远不丢失 …… 96

记录你的灵感 …… 96

第五节 对“人”的保存 …… 97

你的贵人是谁 …… 97

如何保存“人” …… 98

保存“人”的工具 …… 99

第六节 常用的知识保存工具 …… 100

Google 桌面搜索 …… 100

Mybase …… 102

Total Commander …… 103

百度搜藏 …… 105

Google Notebook …… 106

Outlook 联系人管理 …… 108

知识存储介质选择 …… 109

第四章 共享知识

“让别人知道你知道”，建立你的个人品牌，让别人更愿意跟你合作——传递和共享自己的知识是最简单的方法，通过知识共享，可以促进人们对你的了解和信任，为个人发展开拓新的天地。

第一节 为什么共享知识 …… 113

为什么你觉得不得志 …… 113

让别人知道你知道 …… 114

第二节 共享知识的好处 …… 115

能共享出来才能真正掌握 …… 117

结识高质量的朋友 …… 119
建立个人品牌的最简单方式 …… 120
让企业“不是一个人在战斗” …… 121

第三节 共享知识的捷径 …… 122

天天在共享 …… 122
知识的“客户”是谁 …… 124
知识共享的范围 …… 125

第四节 共享知识的渠道 …… 127

利用单位提供的机会 …… 128
将知识共享给更多的人 …… 128
选择你的共享方式 …… 132

第五节 共享知识的工具 …… 133

你服务单位的 IT 系统 …… 133
正式的出版物 …… 134
个人博客（Blog） …… 134
维基（Wiki） …… 136
微博客 …… 137

第五章 使用知识

为什么感觉自己满腹经纶却郁郁不得志，为什么那个学历比你低的人却比你更成功？因为只有被使用的知识才有价值。能不能将自己的知识使用好是对一个人能力的重要考验。

第一节 百无一用是书生 …… 140

仅有显性知识是不够的 …… 141
胆识：无知才能无畏 …… 142
协作与文人相轻 …… 144

第二节 使用你的知识的三种方式 …… 145

找份工作 …… 147
秦奋的分歧争端解决机 …… 148
全聚德的电炉烤鸭 …… 149

第三节 提升个人价值的方法 …… 151

两个因素决定你值多少钱 …… 151
让你升值的三个绝招 …… 155

第四节 有关知识使用的案例 …… 156

为什么大学生不如保姆挣钱多 …… 156
同样的知识，价值差距为什么那么大 …… 158
我有知识，但为什么卖不掉 …… 159

第六章 创新知识

最高层次的竞争是不竞争，是通过创新颠覆原来的模式。学会知识创新后，你就可以超越竞争。其实创新并不神秘，我们每个人都做过也一直在做，那么为什么不做得更好一些呢？

第一节 知识创新很简单 …… 162

知识创新是基础 …… 163
创新的“三性” …… 164
摆脱惯性思维，知识创新很简单 …… 165
蔑视一切不可能 …… 166

第二节 知识创新的发动机 …… 167

学习是创新的前提 …… 167
需求是创新的最大动力 …… 168
需求哪里来 …… 169

知识创新的“三心二欲” …… 170

第三节 左脑 + 右脑助力个人知识创新 …… 171

人类最大的浪费 …… 172
右脑是创新的源泉 …… 173
开发右脑，左右开弓 …… 174

第四节 知识创新工具介绍 …… 175

奥斯本检核表法 …… 175
思维导图激发创新 …… 180
“外行的忠告” …… 181

附录

对个人知识管理现状测试题的解读 …… 184
通过个人知识管理促进组织 KM 实施 …… 186

测一测你的个人知识管理现状

一、选择和填空题

1. 最近一个月内，你读了几本书？

A. 没有读　　B. 1 本　　C. 2 本　　D. 3 本以上

2. 你是否有自己尊敬的人，而且经常向他学习并能够定期交流？

A. 是　　B. 否

3. 你参加了几个网络社区，并能经常参与交流？

A. 没有参与　　B. 1~3 个　　C. 4 个及以上

4. 在 www.kmcenter.org 网站搜索一篇名为《知识资产的诡秘》的文章，用 Google 搜索，关键词该怎么写：______________________

5. 如果你想关注徐静蕾的博客，应该采用什么方式？

A. 收藏该网址，每天上去看　　B. 用 RSS 订阅　　C. 用搜索引擎查找

6. 在你的电脑中，如果要找到 2007 年 5 月份出去旅游的照片，需要多长时间？

A. 马上能找到　　B. 5 分钟以下　　C. 10 分钟以下　　D. 10 分钟以上

7. 在 www.kmcenter.org 网站看到一篇文章，其中一段话对你特别有启发，觉得很有价值，你会怎么做？

A. 收藏到 IE 的收藏夹　　B. Copy 成 Word 文档并保存

C. 用社会性书签收藏并加上自己的评论

8. 你的知识显性化的方式是什么？

A. 按照公司要求写文档　　B. 写博客　　C. 写论文　　D. 发表演讲

9. 你现在的知识可以做成一个什么样的产品或者服务提供给市场？

______________________；

如果需要团队，还需要拥有哪些知识的人？

____

10. 举一个你个人创造新知识的例子。

____

二、问答题

1. 在你的人际关系圈中，找出三位有特殊专长的朋友并与他们联系，需要多长时间？他们的特长分别是什么？

2. 你认为自己在个人知识管理的五个环节（学习、保存、共享、使用与创新）中存在的主要问题是什么？应该如何解决？

第一章

你的知识问题

现在，所谓无知不是指没有知识，而是不会展示自己的知识、不会发挥知识的价值、不会发现新知识、不会学习新知识，也不去创造知识。对于主要靠知识谋生的知识工作者而言，你的知识管理过程是否运转自如，是个人发展和个人竞争力能否持续提升的关键。

第一节 有知识才有安全感

看完了《色戒》，我知道女人是靠不住的；看完了《投名状》，我知道兄弟是靠不住的；看完了《集结号》，我知道组织是靠不住的；看完了《水浒》，我知道领导是靠不住的；看完了《越狱》，我知道牢房是靠不住的。

——互联网上的段子

“联想不是家”

在2004年的互联网上，一篇《联想不是家》的文章“晒”在了大众面前，其中的内容是这样描述的：

“今天就是面谈日。在B座一层的两个小会议室。进去的人，领导首先肯定他过去的成绩，然后解释战略裁员的意思，然后告知支付的补偿金数额，然后递上所有已经办好的材料，然后让他在解除劳动关系合同上签字。平均每个人20分钟。被裁的员工事先都完全不知情。在面谈之前，他们的一切手续公司都已经办完，等他们被叫到会议室的同时，邮箱、人力地图、IC卡全部被注销，当他们知道消息以后，两个小时之内必须离开公司。”

在中国这个“家”文化气氛浓厚的国家里，联想的精细化裁员、两小时走人的裁员方式让许多员工发出了“联想不是家、企业不是家”的感叹，也让许多在企业里上班的人思考自己的未来！

柳传志先生在后来曾经对该篇文章发表了自己的看法：对被裁员工的歉意和对企业为了发展必须裁员的解释。没错，企业是一个经济体，为了生存和发展，每家企业都会裁员。许多时候裁员并非因为员工的错误或者能力欠缺，而是因为战略改变了，你的这块业务不再需要了，这样的情况下即便你再优秀也要走人。如果关注财经新闻的话，你就会发现，在成熟的市场经济下，不仅是普通员工，即便 CEO 也是走马灯般地换。

好单位靠不住

如果你是在 20 世纪 60 年代从大学毕业，国家会根据你的专业、出身，给你分配一个单位。在这个单位里，如果不出大的意外，你可以做到退休，还很可能做到总工程师、总会计师的职位。

笔者曾经遇到过一个出租车的司机，他跟我分享了他的职业历程。他是学水利的大专生，毕业于 1991 年，那时候大专生都比较少，所以很受重视。毕业后被分配到北京密云水库（密云水库是密云水利局的一个事业单位，那里是北京市民的饮用水源）。后来经人介绍认识了一个对象，在北京市昌平县的纺织厂工作，当时他的对象是中专毕业，月工资能拿到四百多，而他才一百多，所以他托关系调到了这个纺织厂。到上世纪末的时候这个出租车司机却下岗了，因为纺织厂效益不好要破产了，所以后来他就开出租车了，现在后悔得不行云云。

好爸爸、好老公靠不住

如果你有一个好爸爸，那么可能大学没毕业就有房有车，甚至不用考虑下半辈子自己如何挣钱、养家。

但好爸爸也会老，人是社会的动物，衣食住行这些需求的满足在当今社会下比较容易，但如何得到人们的尊重、如何通过自己的工作和努力影响更多的人，则是好爸爸不能带给你的。富不过三代，有成就的人很少是靠父母的荫蔽长大。在中国当前的环境下，也很难见到超过 30 年的富豪。

常言道，男人有钱就变坏，如果一个女人想将自己的未来寄托在某个男人身上，收获的只能是失望。男人和女人需要相互吸引，而随着男人事业的拓展和进步，他接触的世界要比女人大很多，这个时候如果女人不能进步和成长，不能持续地产生“吸引力”，那男人一定是“不可靠的男人”。所以，聪明的女人都明白跟老公的关系取决于自己的“新引力”的提高，如果你的丈夫不仅仅是你的依靠，他还能从你这里得到支持、帮助和建议，那么无论你在哪里都有价值。

“稳定”的职位也靠不住

近年来，公务员考试的热度日益增加，除了受中国人“学而优则仕”的传统思维影响，人们都在寻找一个“稳定”、“可靠”的岗位。2009年中央机关及其直属机构公务员考试的报名人数达到了77.5万人，招录职位为1.35万个，考试录取率为1.75%。但当上公务员就靠得住吗？在1998年的机构改革中，中央政府及其直属机构的“裁员”比例达到了三分之一还多。

更重要的是，中国当前的公务员队伍已经十分庞大，从社会发展和进步的趋势来看，现在公务员能享受的许多待遇和权限必然会被削减，对公务员的约束必然越来越多，因此需要的公务员人数必然是越来越少。

我们依靠什么

清代著名画家、“扬州八怪”之一的郑板桥，52岁得子，取名宝儿。虽是老年得子，但郑板桥对其子却管教甚严，从不溺爱。他在临终前把儿子叫到床前，指名要吃儿子亲手做的馒头。父命难违，儿子只得勉强答应。可他从未做过馒头，请教了厨师，费了九牛二虎之力，终于做好馒头，喜滋滋地送到床前，谁知父亲早已断气。儿子跪在床边，哭得像泪人一般，忽然发现茶几上有张信笺，上面写着几行诗句：“淌自己的汗，吃自己的饭，自己的事情自己干，靠天，靠地，靠祖宗，不算是好汉。”

如果想拥有快乐的一生，你一定要靠自己：父母会老去、单位会破产、朋友会离开、夫妻可以化作分飞燕。如果想做一个有成就的人，你更要靠自己。

一个成年人，首先要解决自己吃饭穿衣的问题，你要能够养家糊口，照顾父母，抚养孩子。只有先解决了生存的基础问题，才能考虑精神上的需求。新东方著名的“留学教父”徐小平说，当他听到自己一个大学刚毕业没找到工作的亲戚去做搬运工的时候，他第一句话就是：恭喜你，你终于能解决自己的生存问题了，你终于知道承担一个成年人的责任了。人生的境遇绝不可能一帆风顺，无论在什么时候，你都需要勇于承担自己的责任。靠自己的劳动挣自己的饭吃并不丢人，丢人的是那些高水平工作做不了，低水平工作又不愿意做的

“啃老族”。

要想成为一个有成就的人，你必须依靠自己。我们每个人都有自己的大脑，都应该有自己的独立判断。人只要活着，就是一个问题连着一个问题，每个人都必须面对生活中的各种矛盾和复杂的人际关系，没有人可以替代你，你也不可能永远依赖他人。

一个人的人生之路要靠自己走完，没有人可以代替你走。种下什么因，收获什么果，你选择什么样的人生路程，你要如何付出，你希望什么样的收获，没有人可以替你做主。

个人的发展主要靠自己，但并非拒绝别人的帮助，更不是不帮助别人。自助才能天助，师傅领进门，修行在个人，人们只愿意帮助那些可以帮助的人或者帮助过自己的人，没有人喜欢帮助“扶不起来的阿斗”。而且只有那些真正自立的人，才有能力去帮助别人，只有先帮助别人才能赢得别人的帮助。所以俞敏洪说：“我们每个人都应该像树一样地成长。即使我们现在什么都不是，但是只要你有树的种子，即使你被踩到泥土里，你依然能够吸收泥土的养分，自己成长起来，你也许两年、三年长不大，但是八年、十年、二十年你一定能长成参天大树，当你长成参天大树以后，在遥远的地方，人们就能看到你。走近你，能给人一片绿色，一片阴凉，你能帮助别人，即使人们离开你以后，回头一看，你依然是地平线上的一道美丽的风景线，死了依然是栋梁之材，活着死了都有用，这就是我们每个人做人的标准和成长的标准。”

赖以生存的知识力

如果你认同人应该依靠自己，那么接下来的问题就是：你应该靠自己什么？

在原始社会，如果你身体最壮、长得最高、跑得最快、打的猎物最多，那么你就可能成为一个部落的首领。这时候你依靠的是你的身体条件：更高、更快、更壮、更猛，原始社会基本上靠暴力来维持世界的秩序！

你想象一下，当你去参加一个工作面试的时候，会不会通过扳手腕的方式比赛谁的力气最大，然后就录取谁？在实际工作中，绩效考核是不是要看谁搬一袋水泥的速度最快，谁的分数就最高？你跟你的同学、同事竞争的是什么东西：身高、力量、体重还是凶猛？

估计都不是！

著名未来学家托夫勒在他的《权力的转移》一书中分析得出，人类历史上权力的来源已经从暴力、财富转移到知识，他提出“知识将颠覆全球的权力格局”。丘吉尔曾经预言过“未来的帝国是建立在脑力上的”，他的预言正在成真，因为我们现在看到的真正有价值的工作都是需要知识的工作，都是需要学习知识、利用知识的工作，已经不仅仅是原来的“人与物一起工作”，而转变成了人与人、人与信息和知识的工作。在当今的社会环境下，你我所做的工作大都要依靠知识展开。

人要靠自己，但靠自己不是依靠自己的体力，而是要靠自己的脑力，靠知识。有一个人二十多岁的时候就半身不遂，四十多岁的时候丧失语言能力不能说话，手指仅有几根能动，常年坐着轮椅，这样的人如果在原始社会能有什么样的境遇？如果他想到一个工厂上班，会有什么样的工厂聘请他？但这个人就是被称为最伟大的科学家之一的斯蒂芬·霍金(Stephen Hawking)，他是国际著名数学家、理论物理学家，英国剑桥大学应用数学和理论物理系终身教授。他在统一20世纪物理学的两大基础理论——爱因斯坦的相对论和普朗克的量子论方面走出了重要一步。他的不朽名著《时间简史：从大爆炸到黑洞》，从研究黑洞出发，探索了宇宙的起源和归宿。他于1978年和1988年先后获得物理学界两项大奖，即阿尔伯特·爱因斯坦奖和沃尔夫奖。1989年霍金获英国爵士荣誉称号，他还是英国皇家学会会员和美国科学院外籍院士。

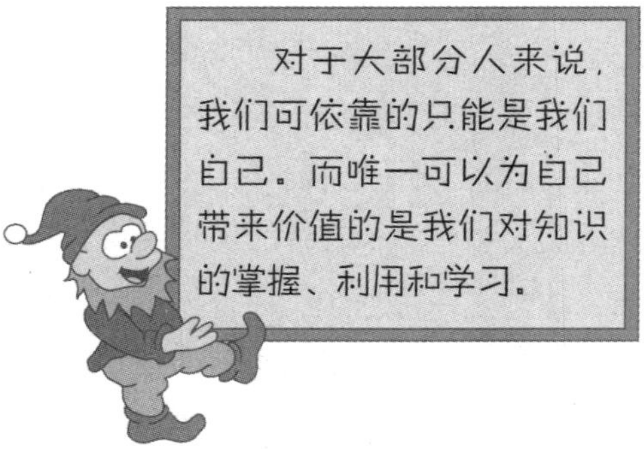

为什么他获得如此之高的成就？因为他可以思索，他有自己的大脑！

我们要依靠自己的知识，但什么是知识？知识在哪里？为什么许多人学历很高却不成功？为什么许多人整天学习知识却没有换来价值？你的知识值多少钱？

有媒体报道北大毕业的才子去卖猪肉，笔者也亲眼见过不少知名高校的博士，在北京工作10年，月薪却超不过3000元。现在随着大学扩招等原因，我们更见到不少大学生毕业就失业的现象。

因此说，依靠知识绝对不是依靠文凭，也不是依靠你现在掌握的知识量，不要认为掌握了某些知识就可以一劳永逸地解决你一辈子的问题。个人可以依靠的知识是指在一定的知识基础上，能够随着社会环境的变化，不断确定自己的专业方向并快速学习知识、分享知识、使用和创新知识并创造价值的过程，这个过程就是对你的知识进行有效管理的过程，也是提升你的知识力的过程。现在每个人都必须要考虑自己如何快速学习知识、学习什么知识、如何保存掌握的知识、如何分享知识给你的合作伙伴、如何使用和创新知识。

简单地说，如果没有对整个知识过程的管理，那么你必然会丧失你的竞争力，无论你是高中毕业还是拥有博士学位。

你的知识需要管理！

第二节　你的"无知"现状

别以为你整天上互联网就有知识，你看的只不过是大量的信息而已！

有了互联网你照样无知

据一项来自EMC公司的权威研究显示，2008年全球产生的数字化信息的总量为4870亿G。这个数字是什么概念呢？如果将这些数字化的信息全部印成书籍并排列整齐，它们的长度将是从地球到冥王星距离的10倍。据参与研究报告的专家约翰·甘茨称，尽管2008年下半年全球经济开始恶化，但是人类创造数字信息并通过互联网、电话网、无线电波传输数字信息的步伐，实际上却加快了。究竟有多快？还拿上面的"书籍长城"来说，其加速度连美国航空航天局最快的火箭也要逊色三分。这也意味着数字化信息总量在未来的18个月内就要翻一番。

随着全球数字信息量的暴涨，数字信息的传输通道互联网也面临着崩溃的危险。《印度时报》报道称，互联网尚未准备好处理如此迅猛增长的信息量。随着Web2.0时代的到来，视频类网站已经不堪重负，早在2006年，YouTube

的信息流量就超过了2000年整个因特网流量的总和。

除了数字信息，全球每年纸质书的出版量有多少？就算我们每个人每天都不吃不喝，你能看的也只能是沧海一粟，所以人们都说现在是信息爆炸时代。而信息爆炸会引起信息犯罪、信息污染和人们的信息焦虑。

信息爆炸，知识也不例外。联合国教科文组织曾经有一个统计，人类近三十年来所积累的科学知识占有史以来积累的科学知识总量的90%，而在此之前的几千年中所积累的科学知识只占10%。

在知识和信息都爆炸的情况下，你该如何处理这些信息和知识？如何让信息与知识为你所用，而不是在海量的信息面前惊慌失措？现代社会所能提供的信息量，远远超出一个人所能接受的容量，面对如此浩瀚的"信息海洋"，人们自然会想尽量多吸收一些，但是当他发现再怎么努力也不可能知晓全部信息的时候，就会觉得茫然。

对于知识的爆炸，解决的方式是你要明确自己的知识需求。知识虽多但人生有限，如果知识不能被你所用，不能成为"你的知识"，这些知识对你也没有作用。

别把数据、信息和知识相混淆

下面用一个例子来区分数据、信息和知识。

数据： 37.5

通过这个你能看出什么吗？估计很难！

信息：

- 姓名：陈浩男　　年龄：1岁半
- 性别：女　　地址：广东省广州市天河区
- 时间：2006年6月8日13点20分　　腋下体温：37.5℃
- 家长自述：孩子在楼下玩，回来后看到小脸特别红，测量体温为37.5℃。

这个时候，这个 37.5 有意义了，是一个广州的 1 岁半的小女孩在夏天午后玩耍后测试的体温。在这样的背景下，37.5 成为了有意义的信息中的一个关键指标。

知识：

奶奶问了，孩子是不是发烧，该去医院？妈妈也手足无措！

这个时候该知识出场了——

“正常小儿的基础体温为 36.9~37.5℃。一般当体温超过基础体温 1℃以上时，可认为发热。其中，低热是指体温波动于 38℃左右，高热时体温在 39℃以上。连续发热两个星期以上称为长期发热。”

上述基础体温是指直肠温度，即从肛门所测得，一般口腔温度较其低 0.3~0.5℃，腋下温度又较口腔温度低 0.3~0.5℃。若 37.5℃是从口腔测得，则直肠温度在 37.8~38.0℃，刚刚有一点点低烧。

为什么以上的信息是知识呢？并不是因为这些信息是写在教科书上的或者是哪位专家说的，而是因为这是通过许多病例、试验总结出来并在实践中公认是正确的。

通过信息作为基础，用以上的知识进行判断：

腋下温度 37.5℃，那么体内温度应该是 38.1~38.5℃，超过正常小儿的基础体温 1℃左右，是否属于发热还不能确定。

利用知识，以信息为基础作判断：小孩在下面玩得比较热，穿得较多，回来就测，是否能真正反映小孩体温，先减少衣物观察一下。1 个小时后，再测量。1 小时后测量为 36.8℃，在正常范围内，不用去医院。

通过表 1 我们可以看出数据、信息和知识的区别。

表 1　数据、信息和知识的区别

数据	单纯的数据不能表达意思
信息	建立了数据的环境后，例如 37.5℃表示的是腋下量过的体温，在六月份，在广州，中午时间测量的，是一个小姑娘的体温等。信息赋予了数据环境
知识	经过实践证明的、可以用来决策和行动的信息

经过以上简单分析可以看出：

第一，如果一个医生拥有了医学知识，但没有人找他看病，因为无法获得信息的输入，就会导致他的知识无法得到发挥，即没有信息，知识就无法发挥作用；

第二，如果只有数据和信息，没有知识来参与判断，信息毫无作用；

第三，数据和信息的获取相对比较简单。在本案例中，一般体温的测量都是家长自测或者护士就可以完成的工作，而医生的诊断则需要知识（虽然本案例中的知识十分简单，已经成为父母的常识）。

显性知识和隐性知识

人们经常说：看你今天印堂发亮，一定有喜事。那何谓印堂发亮，如何作出这个判断？依据的是什么知识？

须发皆白的老中医在给一妙龄女子把脉良久后说："恭喜你，有喜了！"老中医如何判断人有喜了，依据的是什么知识，一个普通人能不能在一天内学会？

知识又可以分为显性知识和隐性知识。所谓显性知识是指能够用语言、文字、肢体等方式表达清楚的知识；而隐性知识则是虽然知道如何做，但却很难告诉别人或者写明白、说明白的知识。从掌握知识的角度讲，大量的知识以隐性的成分存在着，而能显性化的部分较少。你虽然知道某个事情是怎么样或者如何做，但如果让你讲出来，你可能发现能够表达的会很少，如果进一步要求你写出来，可能能写的就更少了。古语"书不尽言、言不尽意"就是这个意思，是说你能写的要比能说的少，能说的要比你知道的少，本质上就是显性和隐性知识的问题。

大学生在课堂上和读书的时候学习的大都是显性知识，而根据 Delphi Group 的调查显示，企业中的最大部分知识（比例高达 42%）是存在于员工头脑中的隐性知识。

隐性知识和显性知识之间存在着相互转换的过程：

从隐性知识到显性知识：判断印堂发亮的是隐性知识，如果能将十万个印堂亮度正常人的脑门测一遍，再将大家公认的印堂发亮的脑门测一遍，各得出亮度的均值，那我们就可以得出一个人印堂亮度的正常值，譬如 2~5 瓦，超过 5 瓦的算印堂发亮，超过 8 瓦的算超亮等。下次判断人印堂发亮的时候就会用类似于温度计的东西测量亮度，然后对照，作出判断。

从显性知识到隐性知识：你阅读本书的时候，其实是在阅读笔者写出来的显性知识和信息。阅读完不同的章节，你会结合自己的成长经历、环境和目标产生自己的隐性知识。

从显性知识到显性知识：你读完本书，结合自己的成长经历、环境和目标产生自己的想法，并且写出了一篇读后感，就是从显性知识到显性知识的转化。

从隐性知识到隐性知识：师傅带徒弟，师傅的知识可能很难用语言和文字表达，徒弟就只能靠师傅的身教和自己的领悟来学习。

知道知识分为显性和隐性后，你在个人知识的学习中就应该明白，知识的学习不仅仅是听课和读书，还需要去学习隐性知识，需要去通过谈话、观察等多种方式学习；同时，你应该主动促进你的知识从隐性向显性转化，只有你有意识地显性化你的知识，你才能更深入地掌握知识，才能让别人知道你是某个领域的专家，才能赢得合作机会和新发展的平台。

隐性知识显性化应该成为现代人的一项必备能力，如果你不能显性化你的知识，就无法建立你的竞争力。为什么中医中药很难做大，一个很重要的原因是它们主要依靠隐性知识作判断，所以传承、复制的难度较大，因此就很难快速发展。

隐性知识还有一些特点，了解这些特点对于你管理自己的知识很有价值。

- 你的隐性知识可能只是对你自己是隐性的，对于其他人、其他的机构可能已经是显性知识，这就需要你在前人基础上进行学习，明白是否已经有类似的显性知识；
- 隐性知识需要环境（此时、此地），并非永远是隐性的；
- 谁能将隐性的知识最先显性化，谁就是知识创新的开拓者。譬如许多大师的创新，多年后也有不同的人表达，但前者是大师，因为他最早将隐性知识显性化；
- 隐性知识显性化能力成为人与人之间能力差别的重要方面。将自己的隐性知识显性化应该成为每个知识工作者应具备的能力之一；
- 隐性知识显性化需要需求、环境等外力的作用，外力的拉动加上个人显性化的意愿，可以促进隐性知识显性化的过程；
- 社区是促进隐性知识显性化的环境；

• 隐性知识显性化的方法：讨论、回答提问、需求的压力、工作分解、流程分析等；

• 不能用通俗、简单的语言和文字表述知识，表明对该领域知识掌握得不够深入。

知识工作者

知识工作者这个词是由著名管理学大师彼得·德鲁克（Peter F. Drucker）最早提出来的，他在 1966 年出版的《卓有成效的管理者》（The Effective Executive）中第一次提出 Knowledge Worker，指那些主要工作内容为处理信息和知识，并在工作中利用信息和知识的人，以区别于原来的产业工人。在 1999 年出版的《21 世纪的管理挑战》（Management Challenges for the 21st Century）进一步提出了“21 世纪，无论是对商业还是非商业机构，其最宝贵的资产将是它们的知识工作者和知识工作者的生产率”。

思考一下，你是不是知识工作者？你每天的主要工作内容是什么？

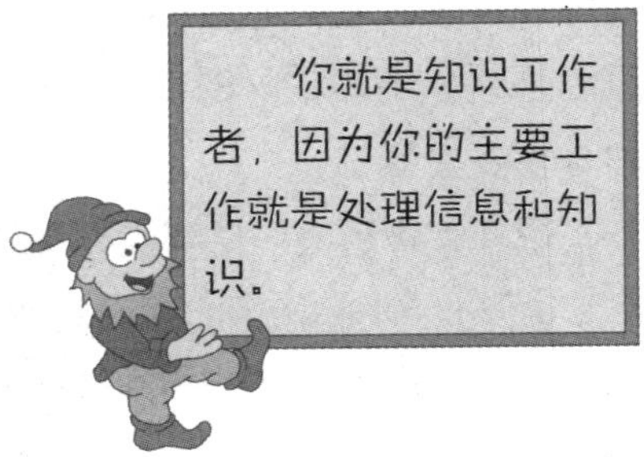

我们每天早晨一进单位就要开会、打电话、写邮件和发邮件、在即时通讯工具上与人沟通、写报告、与客户交流等，笔者相信本书的读者大都是知识工作者，你的主要工作也是处理信息和知识。那么，你的竞争力的源泉和优势就是你处理信息和知识的能力与效率。

未来＝知识管理能力

在改革开放初期的时候，成功靠的是谁消息灵通和胆子大。那时候，在北京的一个人只要听说广州的电子表或者服装便宜，加上胆量，他晚上就可以坐上火车去进货，回来就销售，然后就可以赚钱。

笔者的老家在农村，在 2000 年前放假回老家的时候，想跟人交流关于互联网上的某个新闻，很少有人知道，那时候我觉得自己有信息上的优势——许多信息我得到了而别人不知道。但现在回老家，小青年们的手机都可以上网，每个人都订阅了多种电子报，张口闭口都是百度一下。我的信息优势没有了！

在世界越来越平的现状下，信息的传递越来越没有障碍。我们村的小青年能够得到我所能得到的所有信息。但同时我也发现，他们存在两个问题，第一个问题是不知道如何评估信息，看到什么信息就相信什么信息，缺乏对信息评估的能力；第二个问题是他们不知道有目标地去获取信息，因为缺乏知识基础，他们很难产生对信息的明确需求。

对于畅销书《世界是平的》，IBM 知识管理机构创办人普赛克在《哈佛商业评论》刊出了一篇针锋相对的文章《谁说世界是平的！》。他指出："盖茨和弗里德曼犯的基本错误，是把信息和知识混为一谈。"

他举了一个很有意思的例子：任何人都可以上 Google 的网站搜索到盲肠炎手术的开刀步骤，但不论这个人搜集了多少信息，"你敢让他开刀吗？"

知识与信息不同，知识除了要靠经验去消化汇集来的信息，还要去验证、思考，甚至在亲身体验过程中，去发现问题、解决问题。

在当今时代下，个人的成长和发展以及个人竞争优势的建立，绝对不是靠信息的数量（虽然缺乏信息和获取信息的能力可以成为一个人发展的劣势）。不要以为你整天在互联网上就掌握了知识，互联网上的信息和知识你能获得我也能获得，互联网上有显性的知识也有信息，显性的知识必须跟你个人的原有知识结合起来，转化成你的隐性知识，加上对环境的判断才能发挥作用。

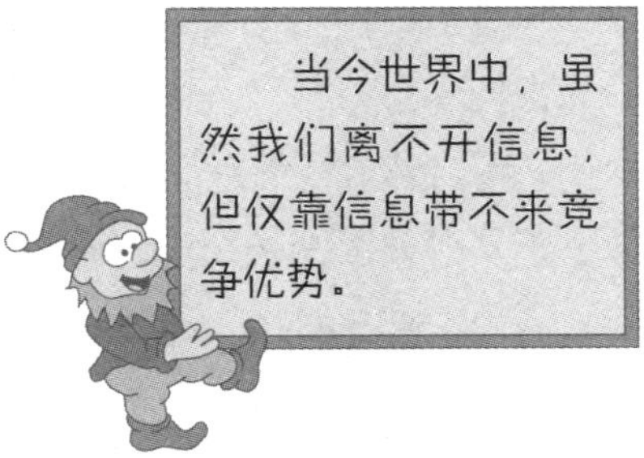

那么，我们作为知识工作者的竞争优势应该来自于哪里？

学历可以作为你知识水平的一个表现，但其表达的只是在某时、某地的知识存量，是否能持续地更新知识、是否能持续地共享和传播自己的知识、是否能将已有的知识用好用足来获取价值、是否能持续地创新知识引领发展，只有这些才是个人竞争力的源泉。

原来的说法是不识字的人被称作文盲，现在的说法是不会学习的人是文盲。如果你学会了选择知识，有好的学习方法和工具，形成了良好的知识学习的习惯，那你就不是新时代的文盲了！

但我们满足于仅仅不是文盲吗？虽然你学习了众多知识，但单位里领导不重视你、同事不跟你合作，你的知识有用吗？如果你掌握了众多知识，但你的知识不会利用，甚至不能给你换来养家糊口的钱，更不用说成就自己的事业，这样的知识有用吗？如果你总是学习别人的知识，读死书、死读书，在别人后面亦步亦趋，不能进行知识创新，那你的竞争优势在哪里？

我们认为，在当今的社会环境下，一个知识工作者的竞争优势不仅仅来源于他掌握的知识数量，也不仅仅来源于他热爱学习的习惯，而在于他必须掌握从知识学习到知识保存、知识共享和传播、知识利用和创新的过程，如果没有对整个过程的掌握，这个人虽然在某一方面比较有优势，但是很难建立起相对于大多数知识工作者的竞争优势。

人只能依靠自己，而依靠自己最重要的一点是依靠自己对个人知识过程的管理。只有对整个知识过程的管理才是现代人发展竞争力和竞争优势的源泉。

第三节　你的五个知识问题

作为以处理信息和知识为主要工作内容的知识工作者，我们每个人都面临着知识问题：

• 我们必须持续地学习才能保持我们的竞争力；在同样的时间里谁的学习效率更高、获取知识的能力更强，谁就掌握竞争优势；

• 并非所有的知识都能够装在人的大脑中，在每个人的知识结构中都有一些“只需要知道谁知道（人的问题）、知道在哪里（存储的问题）”的问题；

• 因为每个知识工作者的工作都需要与他人协作，所以需要每个人都拥有团队协作的精神，需要让跟你协作的人（或者潜在的协作对象）能够了解你的知识背景、结构和能力，只有让别人了解你，才能有更多的机

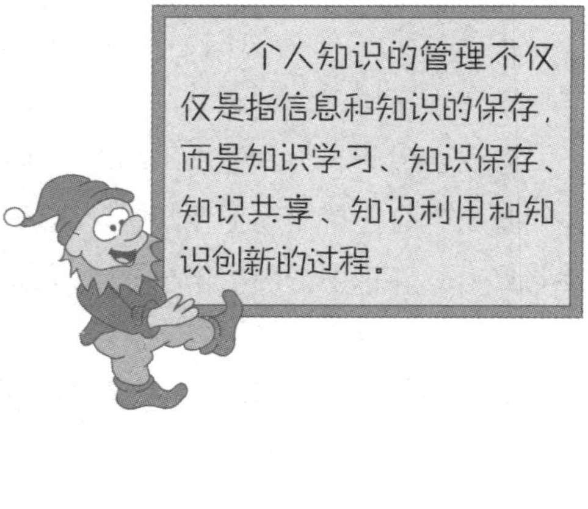

会。让别人了解你，你必须自发地去做知识共享的工作，做知识传递的工作，这也是知识工作者建立个人品牌的基础和捷径；

• 知识本身没有价值，知识只有在使用中才能体现其价值。如果你有知识却不能被利用，那么你只不过是一个移动的书橱而已，这样的知识对你个人的成长和发展毫无益处；

• 任何创新的基础和前提都是知识创新，如果你能够持续地创造新知识，在你的领域里引领发展，那么你的竞争力就无法被别人超越，你就是独一无二的人。

基于大量的研究和实践，笔者认为在个人的知识问题上，每个人都面临着以下的五个问题（图 1）。

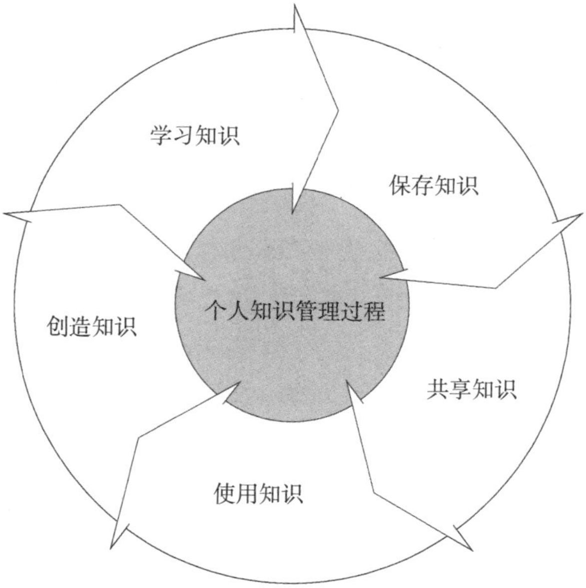

图 1　个人知识管理过程的五个问题

学习知识——你会学习吗

现在，无论你是否意识到了——知识本身在快速更新，你工作所需要知识的要求也在迅速变化和提高，你的竞争对手在不断学习，这三种情况都存在。

如果你是一个 20 世纪 50 或 60 年代的大学毕业生，不用学习你也可能“混”到退休，因为那时候知识更新速度慢、社会发展速度比较慢、大学生比较稀缺。在今天的环境下，如果你有 5 年不学习，无论你的学历是博士还是学士，你绝对会落伍；如果你有 10 年不学习，你就会发现在就业市场上自己将找不到工作——你已经不知道你会干什么了！

但是否热爱学习就可以呢？也不是！

如此之多的知识让人眼花缭乱，如果你没有学习目标的话，你就会发现所有的知识都有价值，都应该学习，假如你用有限的时间去学无限的知识，你将会被知识“淹没”。所以学习知识的第一步是确定自己知识的方向：学习什么才能给自己的竞争力带来最大提升。如果不能确定正确的方向，那么学得再多、再广也没有用。因为你无法正向地积累，你在任何领域都是“初学者”和“新手”，而现在的工作岗位是需要“专家”的时代。

确定学习知识的方向以后，就是学习的方法和工具问题。如果你想掌握一个方向（领域）的知识，应该学什么：除了读书、上课，还有什么？与人聊天算不算学习？如何处理纷繁的信息等等？在本书中笔者构建了一个知识学习的简单模型，希望对你的知识学习有所帮助。

我们还提供了在学习中可以用到的工具，这些工具你拿过来就可以使用。本书将在第二章详细地介绍个人知识学习的问题，里面包括了相应的理念、方法和工具。

保存知识——用时能找到

将所有的知识都记住并能方便自如地使用既不现实也不可能，这时候就涉及知识和作为知识的原料信息的存储问题。有的知识你需要掌握并能付诸实践，有的知识你需要知道在哪里，当需要的时候可以查找到并引用，有的知识存储在别人的大脑中，你需要知道如何找到这些人。

这些知识可能存在于大脑中，也可能存在于你的书上的注释中，也可能存在于你的保险柜、文件夹中。而更多的可能是储存在你的电脑硬盘、移动硬盘或者 U 盘中。因此，要将你已有的知识更好地组织起来，在使用的时候能够找到，并能够快速利用。

保存知识不是目的，保存的目的是为了在使用的时候能最快速和准确地查询到相关内容，所以笔者反对无目的、无限制地存储大量的知识和信息，而要从个人发展的角度来分析自己的知识需求，建立个人知识存储的分类、命名规则，充分利用最新的技术手段协助自己对知识的保存和利用，让存储的知识真正对个人的学习、利用和创新产生价值，并提高整个知识管理过程的效率。

本书将在第三章详细地介绍知识保存的理念、方法和工具。

知识共享——让人知道你知道

对于知识工作者而言，其核心竞争力的根源并非是他现在已经拥有的知识，而是他能够确定自己的方向并持续地学习、使用和创新知识的能力。

你知道也要让别人“知道你知道”，只有让其他人知道你知道，你才能拥有更多的机会。如果只是“你认为自己知道”而别人不了解，你就无法跟人协作，无法取得别人的了解、理解和信任，你就会成为“怨妇”，所以你需要主动去做知识共享和传播的工作。

在许多企业中，我们都会遇到不少抱怨自己不得志的人：为什么我水平比他高、工作比他认真负责，可涨薪水、升职的却是他而不是我。对于这种问题，除了公司或者机构的问题外，你也需要从个人的角度去反思：你的水平和能力是否让别人知道并认可了？你是否有意识地做过诸如将你知道的知识写出来、讲出来分享给别人的工作？你是否愿意帮助别人？你是否认为自己水平很高而不屑于与别人交流？你是否认为自己讲给别人对方也听不懂？

在学术研究上，如果谁第一个将某领域的某个问题讲出来（在学术会议上）、写出来（在学术论文中）并被大家认可，谁就可能成为这个领域的专家。通过讲出来、写出来可以给你带来名声、荣誉、资金和各种资源。在我们日常的工作中，共享和传播的情况可能没有学术领域那么明显，但道理是相通的。只有通过不断的知识共享、知识传播，才能让别人认识到你的价值和独特性，你才会被同事重视，被领导垂青，进而得到更多的机会。

如果你想将你的知识共享或者传播的时候，你就会发现虽然你觉得自己知道，但这种知道是支离破碎、不系统的，你需要再学习和实践，这无形中促进了你对知识的掌握。在知识的共享和传播上，你需要定位自己的知识和需要传递的内容，需要找到知识共享和传播的工具和手段，这是第四章的内容。

知识使用——让知识带来价值

古人有个说法叫“百无一用是书生”，还有“秀才造反，十年不成”。在我们的文化中，习惯强调知识的学习而较少谈论学习知识后干什么。看一看我们接受的教育和我们教育孩子的方式：我们在小学好好学习是为了考上一个重点初中，初中学习的目的是为了考上重点高中，然后是重点大学、硕士、博士等。但没有人告诉我们学这么多知识是为什么、如何用。

学而优则仕曾经是古代知识分子学习知识的动力和方向，现在这种思想也有不小的市场。但现实是这条路越走越窄，因为一个成熟的公民社会应该是小政府服务大社会，对于大部分人而言，做“仕”的机会越来越渺茫。

那我们的知识到底有什么用？从知识保存的角度讲，人超不过图书馆和硬盘，所以知识的保存不是目的。我们掌握知识的目的在于让知识能够发挥作用，让知识帮助我们生活得更美好：改善我们的生活，提升生产效率和产品（服务）质量，赚更多的钱，职位更高，形成个人的影响力，心情更愉悦等。如何让你的知识发挥作用，这是个人知识问题中很重要的一环。

再进一步说，如何充分使用你的知识，你的知识被利用后应该交换回你需要的东西：心理的满足感、房子、幸福的家庭、尊重、信任关系等。那为什么不同人的知识交换的价值不一样呢？你的知识值多少钱，如何提升你的知识的价值？在第五章中笔者详细说明了知识使用的方式和方法，并提供了一个知识价值的模型，相信会对你的知识学习、使用和创新都有帮助。

知识创新——用创新超越竞争

在当今“山寨”纷飞的现状下，对于个人和企业都提出一个问题，就是如何拥有持续的竞争优势？记得有一位朋友说过，我不怕你山寨我，因为你只能跟随我，却永远不知道我下一步会做成什么。当你山寨我的产品或者服务的时候，我已经去做利润率更高的产品了。

任何创新的基础和前提都是知识的创新，只有知识创新了才会有技术创新、管理创新等。从个人发展角度而言，如果想拥有持续的竞争优势，那就必须持续做知识创新。但现实是我们觉得创新太玄妙，在第六章中我们将分析个人如何进行知识的创新，如何通过更新个人的知识结构、储备，以把握社会需求甚至引领社会需求。

三个案例看你存在的知识问题

在个人的知识问题中，不同的人面临的是不同的问题。你需要从你的发展阶段、发展目标和你所处的环境的要求来确定你的主要问题。其实，这五个问题是现在的知识工作者都或多或少存在的，所以笔者建议你首先对这五个问题所对应的五章内容进行阅读，然后在这个基础上针对自己的主要问题进行深入分析。知识管理中心也建设了一个交流的平台，并愿意回答你的任何知识管理问题。

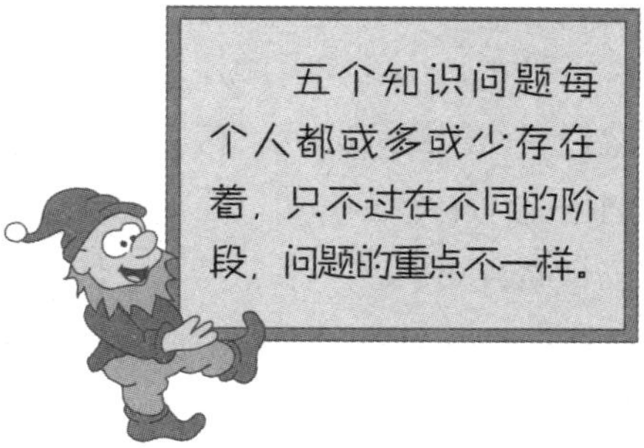

关于如何确定自己面临的主要问题，下面将笔者在咨询中接触到的几个案例分享给大家，希望对您有所启发：

案例一：小刘，出生于湖南某小镇，父母都是中学老师，他在北京某知名大学获得图书馆学的硕士学位，到某国有上市公司信息中心工作。因为家庭和专业熏陶，小刘很喜欢读书，但人比较内向。

毕业三年后，小刘感觉自己的职业发展遇到问题，虽然自己不断学习，但仿佛学习的内容在岗位上无法发挥作用，而且许多自己最熟悉的东西领导却安排别人去做，感到无法发挥自己的优势。

经过跟小刘面对面沟通和对小刘工作环境的了解后，笔者初步掌握了小刘存在的问题：

第一，学习缺乏目标性，无法正向积累形成竞争优势。在信息中心，小刘的图书馆专业与学习软件开发、硬件维护的同事相比看起来是“外行”，所以小刘选择了学习硬件、软件的知识，但由于目标不明确，虽然软件、硬件都学了，但学习的水平和能力最多也就达到普通同事的水平，别人感觉不到他有任何“独特的”价值。而从企业内部信息中心的角度讲，在基本的业务和管理系统上线后，需要将这些系统运营好，使之更符合员工的需求。由于信息爆炸，如何组织信息和知识成为最重要的问题，而这些跟图书馆学所关注的内容结合很紧密，笔者就建议小刘将自己的学习方向再聚焦一点，从信息如何更好满足用户使用的角度去研究和学习，这样既充分利用了其原有的知识基础，也符合了企业现阶段的需求。经过一年多的学习，小刘就成为了这一块的专家。

第二，小刘没有做知识共享和传递的工作。由于性格比较内向，小刘不太擅长主动跟别人交流，这样导致别人无法了解他的观点、思想和见解。在跟小刘的交流中笔者得知，在信息中心内有一个部门的知识库，笔者就建议小刘争取每周在知识库共享一篇关于如何运营企业信息系统，让信息系统发挥作用的文章。日积月累，人们在搜索相关问题的时候看到的都是小刘的文章，而且说得还蛮有道理，就慢慢感觉到他是这个方面的专家。

结果：经过两年时间，小刘现在已经成为了部门的骨干员工和项目经理。由于企业信息化已经走过了重视建设而到了如何提高运营效率的阶段，小刘已经成为了这方面的专家，升职的前景也看好！

点评：小刘存在的问题是第一个和第三个。他虽然热爱学习但不知道学习什么，而学习没有方向就没有效率；还有就是他没有让别人“知道自己知道”，没有做知识共享和传播的工作，造成自己的知识无法发挥作用。

案例二：小陈是个美女，也是公司老总的助理。但小陈不是花瓶，她是某知名大学商学院的MBA毕业生，专业技能和交往能力很强，学习能力也不错。但最近她对自己的工作却感到很郁闷，由于老总的工作节奏很快，所以老总要求她写的方案、建议书什么的都比较急，可自己在写的时候总发现原来看过的资料在需要引用、参考的时候不好找，或者明明知道自己几天前刚刚看过，甚至有的资料自己已经从网上下载并保存到自己的笔记本电脑中了，最后却找不到或者要费半天时间。

经过对她工作方式的了解，笔者发现她使用的资料70%以上是互联网上的资料，因为她的报告更偏重宏观经济形势和行业形势，而这方面最新的资讯都在互联网上，同时她需要的企业内部资料大部分也在企业内部网上，如何组织这些资料是她面临的主要问题。她每天要大量阅读这些资料，一发现有价值的东西就 copy（复制）到 word（微软公司开发的办公软件之一）文档中保存下来，但是我们知道人在阅读中产生的想法是无法在电脑中保存的。

笔者给她提供的建议是不一定要 copy 成 word 文档，并给她介绍了两个小工具：Google 提供的 Notebook 工具（主要功能是记笔记，当看到某一内容后产生自己的想法的时候可以随手记下来）和百度提供的社会性书签工具——百度搜藏。这样的话，笔记工具解决了她如何记录在阅读中产生的想法的问题，百度搜藏满足了保存她感兴趣的文章和文章中某部分内容的需求，这样她再看到感兴趣的文档就可以用百度搜藏保存起来，并且可以用鼠标画出文章中最需要的部分，下次要引用的时候直接贴过去就可以了，从而有效地解决了“明明几天前看到过却找不到”的问题。

点评：小陈存在的是信息和知识如何更好地保存以方便使用的问题。

案例三：老李在参加工作 10 周年的时候辞职了，准备自己创业，之前他在一家做快速消费品行业的咨询公司做中层经理。老李是管理学硕士毕业，曾经为不少大型的机构提供过咨询服务，工作认真负责，学习能力强，人缘好。自己感觉也不错，认为凭自己的知识和经验一定能够闯出一片天地。

但在公司开张 7 个月后，老李的信心越来越不足。他觉得自己有能力做快速消费品行业的咨询，但由于公司没有知名度，没有人找他。而且更可怕的是，老李自己做中层经理的时候每天出差忙得要死，而现在却不知道自己的公司应该卖什么、如何卖。

在跟笔者交流的时候，老李说：“我这满肚子学问却赚不到钱，您是搞知识管理的，说说这算什么理儿，难道知识不值钱？”

笔者也开玩笑说：“你满肚子学问，但你的学问怎么卖？按重量还是按体积？”

知识有价值，但知识本身没有办法卖，因为无法衡量你脑袋中的知识值多少钱。知识的利用和交换必须通过产品和服务的形式来实现，老李存在的问题主要是两个：

第一，他的知识没有转化为成品和服务，所以他无法实现销售。我们给他的建议是从最简单的开始，将自己的知识转化为培训服务，转化成一门课程提供给市场，只有这样别人才能买你这个服务，你的知识才能有价值。

第二，单纯的一个知识没有价值，老李主要擅长的是咨询项目的实施，而作为一个公司来讲，需要让客户知道你提供的产品和服务，就需要市场人员；将你的产品和服务销售出去，也需要销售人员。

点评：老李的主要问题出在知识的利用上——知识怎么用，怎么转化成价值！

通过以上的案例，我们可以看出不同的人、处于不同职业发展阶段的人、有不同发展目标的人，他的主要知识问题是不同的。对于同一个人，在他不同的发展阶段，主要问题也不同。但是个人知识的五个问题是每个人都需要注意的，其中的理念、方法和工具也是所有知识工作者应该掌握的。例如，不论你是在校读书的大学生还是企业的总经理，你都必须持续学习，更新你的知识，你都必须把你知道的知识让你的同学、同事和下属知道，你必须要保存好知识从而在使用的时候能够快速找到，你必须利用你的知识去寻找工作、发现客户、创新产品，你也必须在已有的知识积累基础上创新，进一步建立你的个人竞争力和企业竞争力。在不同阶段中，对于一个未毕业的大学生，他的主要问题可能是知识学习的方向、方法和工具掌握；对于一个中型企业的老总则是如何创新以引领产品和服务；对于一个企业的白领，其个人知识方面的主要问题可能是知识的共享和传递，让更多的人知道他知道，树立其个人的专业形象，帮助个人升职、加薪，帮助他获得更多的尊重。

笔者建议的原则是：

在你读书和工作的第一个十年，要更多地关注第一个问题（知识的学习）、第二个问题（知识的存储）、第三个问题（知识的共享和传播），因为在30岁以前，你可以更多地去探索自己的优势、特长来确定自己的学习目标和方向性，同时你要养成良好的知识保存习惯，乐于并善于分享，树立自己的专业形象；在这个阶段，因为相对来说对知识创新的要求不高，你尽可以做简单的知识使用方面的工作，在不同的企业进行体验。

在你工作的第二个十年，你需要更多地关注第三个问题（知识的共享和传播）、第四个问题（知识的利用）和第五个问题（知识的创新），通过知识的共享和传播建立自己在某个细分领域的专业形象，通过知识转化为专利或者知识产权、转化为产品和服务直接提供给市场，通过知识创新引领一个领域的发展与进步。

当然，每个人的发展路径都不同，你需要自己去探索适合自己的路径。

第二章

学习知识

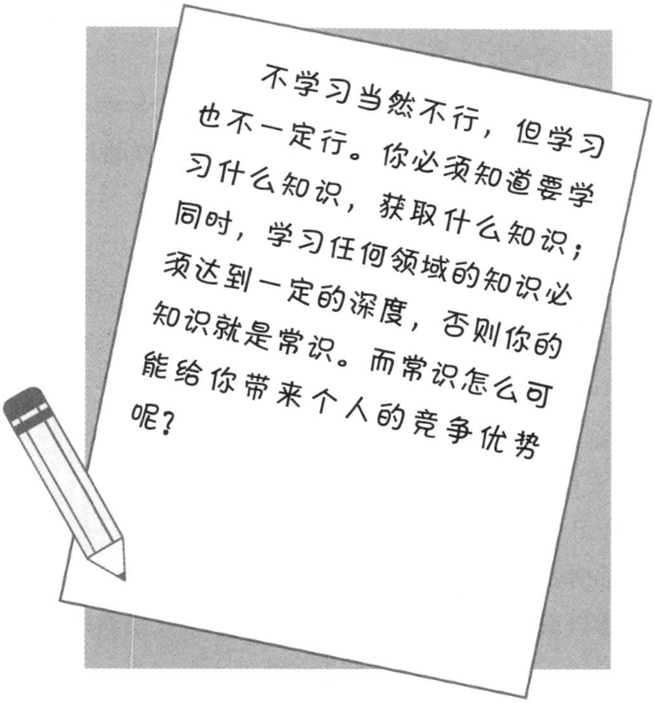
不学习当然不行，但学习
也不一定行。你必须知道要学
习什么知识，获取什么知识；
同时，学习任何领域的知识必
须达到一定的深度，否则你的
知识就是常识。而常识怎么可
能给你带来个人的竞争优势
呢？

要管理自己的知识，就必须先拥有知识。在当今时代，每天以处理信息和知识为主要工作内容的知识工作者都应该是终身学习者，否则必将被社会淘汰。在学习知识的过程中，第一个问题就是学什么知识，哪些知识更有价值。第二个问题是知识应该学习到何种程度，是不是只有拿到一个博士或者硕士学位才能证明自己掌握了某个领域的知识。第三个问题是关于学习的方法和工具问题。

第一节　为什么要学习

在漫长的生活岁月中能够保持效能的所有人，几乎都和我一样在不断地学习。无论是企业主管还是学者，无论是军队的高级将领还是一流的医生，无论是教师还是艺术家，无一不是如此。

——管理学大师彼得·德鲁克

不学习当然不行

首先讲一个笔者同学的例子：

“他是我的高中同学，1996 年毕业于武汉某知名高校，硕士，专业为软件工程。通过家庭关系联系到某省会城市一家由国资委管理的大型垄断企业的信息中心工作，主要职责是企业内部管理信息系统和个人计算机的维护，薪水和福利都是当时毕业的同学中较好的。由于该企业的信息管理系统并不复杂，而且是从总公司到各地分支单位一起建设，所以我的这位同学基本上没有什么工作要做，经常的状态是等着业务部门报修的电话，出现问题才去维护一下。

该同学的幸福日子曾被许多同学羡慕：工作轻松、薪水丰厚、福利好。

但好景不长，2002 年，国资委要求央企主辅业分离。该同学工作的部门由于属于辅业范畴，被整体剥离出来成立公司。后来该同学于 2002 年‘买断’工龄，自行离职，共得到补偿九万多块钱。

有九万多块钱垫底，该同学休息了半年多时间。此时他已经有了一个美丽的女儿，每天接送女儿上学，着实过了一段逍遥日子。但一个三十出头的男人不可能不上班，在半年后他就准备找工作上班。这时候他发现对于计算机软件领域，他已经什么都不知道了！软件和计算机领域是一个知识更新非常快的行业，而他之前的六年时间因为工作轻松，基本上没有‘学习的需求’，他的知识水平还停留在硕士阶段做的一些零散项目上。可想而知，当他去应聘相应的工作时，因为缺乏经验、知识等技能的积累，不停地碰壁。此时，一个朋友邀请他去武汉，做某种药品的湖北代理。但是由于在国有企业养成的散漫习惯加之没有药品行业的任何销售和管理经验，做了不到半年就打道回府。后来又找到一家做 ERP 企业的客户服务工作，每天骑自行车去解决客户遇到的问题，薪水还不到他原来国企的一半，也在做了四个月后离职。

这时已经到了 2004 年，他发现了一个很可怕的现象：不知道自己能做什么了，三十多岁仿佛已经与这个世界‘脱离’了。基本上他能做的事情不愿意做，而他想做的事情因为没有知识和经验的积累无法做。而他的那些同学经过八九年的工作大都成了单位的中层领导。”

当然，他现在已经找到了适合自己的路。后来我们在交流的时候，他曾经说：面对家庭和社会的压力，自己有好几次在浴室里号啕大哭，一个正值壮年的人仿佛人生之路走到了尽头！他也曾经反思，在那家国企的六年“幸福”生活，使他与社会脱节，让他的竞争力丧失殆尽。

联合国教科文组织（UNESCO）的数据显示，在 19 世纪，一个知识更新周期（以一个领域知识更新 20%为一个知识更新周期）的时间为 50 年，第二次世界大战时为 15 年，20 世纪 90 年代为 3 到 4 年。到 2050 年，我们现在拥有的知识可能只是那时知识的百分之一。如果你是 1955 年大学毕业，大概你可以不用学习在 1995 年左右安全退休。如果你在 1995 年大学毕业，只要有 5 年时间不学习，你就会发现自己已经跟不上时代的发展，因为 20 世纪 90 年代的知识更新周期已经缩短为 3 到 4 年了！

终身学习的理念在 20 世纪中叶就被明确地提了出来，因为人们发现技术、知识的快速更新不仅影响了生产、流通和消费等领域，而且影响到每个人的日常生活。若要与之适应，人们就必须用新的知识、技能和观念来武装自己。终身教育强调现代人必须不间断地进行学习，更新个人知识，才能保持适当的应变能力，保证个人竞争力。

30 年的改革开放，中国发生了翻天覆地的变化，从 20 世纪 90 年代互联网出现后，信息与知识的创新、传递也发生了深刻的变革。在这个大时代中，如果你不能持续地学习，你必将被淘汰！同学聚会的时候你会发现，由于没有持续地进行知识更新，有一部分同学的知识水平和能力还停留在大学毕业的阶段，你再观察一下他们的个人发展和未来竞争力，一定是不乐观的。

学习改变命运

著名作家余华在他的《兄弟》中写道：别的国家四百年的发展历程，我们国家却用了不到四十年就走完了。这是一个急剧变化的过程，生活在这个时代的人们都要主动或者被动地去体验这个过程。所以，之前许多我们觉得“可靠”的东西其实都不可靠了，那我们靠什么？

著名科学家、原中国科技大学校长朱清时院士曾经讲过他的经历：

“我是 1963 年考上中国科学技术大学，在北京读了三年书还差一点点，文革就开始了，全部停课了。1968 年，我被分配到青海西宁当一个铸造工人，当时是看不到今后还有任何从事科研的希望，所以很多同时分去的人都放弃了学习，放弃了努力。我是出于一种天性，出于对学习的热爱，对科研的热爱，还整天看数理化和英语书。1974 年，中国科学院当时的领导，就是胡耀邦和方毅他们，要做一些重大的项目，去追赶世界上的一些重大科技发展。青海盐湖所虽然条件不好，但因为内地其他的研究单位都瘫痪了，所以青海盐湖所也承担了一项重大项目“激光分离同位素”。我自己争取从工厂调到研究所，开始做这个项目，这是我一生中最大的转折点。为什么呢？后来改革开放了，大家开始重视科研和学习了，我同时代的人方才发现，我已经早了 5 年，走在他们前头，这是第一。第二，在那个地方做科研，在我们的前面没有权威，没有比我们更了解项目的人，所以一开始从事科研，我很快就成了这个科研项目的负责人。成为负责人是一个最大的机遇，这样可以把自己的全部身心投入到科研中去，把它做得最好。因此早在 1979 年，我就被科学院选拔为早期出国的人，先后到了美国的加州大学圣芭芭拉分校、麻省理工学院、布鲁克林实验室，回国到青海盐湖所后转到大连化物所工作 10 年。这期间我又到加拿大国家研究院，英国剑桥大学、牛津大学和诺丁汉大学，法国格林罗勃大学、第戎大学和巴黎大学，芬兰赫尔辛基大学工作。1991 年当选中科院院士。1994 年调到中国科技大学。

那些在毕业时分配到了令大家羡慕的国防科委和二机部的同学，他们大多数已经退休了。原因是什么呢？因为在那些单位里人才济济，留苏回来的就一大批，老资格的很多，我们这几届毕业分去的只能长时间当基层工人。而且那地方的产品型号是定了的，不允许你随便进行技术革新的，任何一点小的革新都要经过层层审批。不仅他们没有太多的机会发挥他们的才能，而且那些地方往往在偏僻的山沟，子女上学很困难，就业也困难，为子女就业，他们就提前退休，让子女顶替。所以我遇到他们时，大多数人已经退休。其中有一位是当时班上的干部，各方面都很好，现在开了一个小商店以维持生计。因为退休了，生活很艰难。”

因为持续不断地学习，改变了朱清时院士的命运。

生活在当今的时代，无论愿不愿意，你都必须去积极、主动地学习，否则你就无法生存和发展。

最近，你学习了吗？

第二节　学习什么知识

学习也不一定行

毛泽东曾经说过世界上最容易的事情是读书，欧阳修讲读书可以枕上、马上、厕上。我们说，学习并不是最难的事情，而在学习中第一个问题就是学习什么。

下面是笔者听到的一个故事：

一个学钢铁冶炼的女孩，北京科技大学毕业，她是一个很爱学习的人。由于不喜欢做钢铁行业，加上是女生，她就读了北京大学的一个法律专业的第二学位，后来找了一家很轻松的行业协会工作。但该协会并没有很多法律方面的工作，这个女孩子虽然工作没有什么压力，但一直坚持学习。由于热爱学习语言，看《大长今》等韩国剧热的时候就学习韩语，喜欢巴黎的浪漫就学习法语，还学习了日语、西班牙语。由于眼界开阔了，她就到法国读了一个国际贸易的硕士。两年后再回到北京，找到一家外贸单位，薪水四千多块钱，这个时候距离大学毕业已经八年。

虽然结婚了，但没有小孩，在家基本上也不做饭，只是喜欢持续地学习。

热爱学习没有错，也许这个女孩就是享受学习的过程。但是对于社会上的大部分人来说，学习的目的就是为了创造更多的个人价值和竞争优势。

为什么这个爱学习的女孩学了这么多却没有发挥出价值？笔者的评价是：

第一，这个女孩只是爱上了学习本身，而没有考虑学什么，学习是为什么，如果学习没有方向性，以有限的时间和精力去追逐无限的知识内容，即使累死也没有效果。

第二，她在任何知识领域都浅尝辄止，欠缺知识的深度。尽管学了很多领域的知识，但在每个领域都是“新手”，无法形成竞争优势。

在19世纪，许多物理学家同时还是数学家、生理学家、化学家、天文学家。但在现今的条件下，一个化学领域就包括了有机化学、无机化学、高分子化学、生物化学等分支。知识总量暴增，而我们每个人的时间（寿命）、精力是有限的，所以以有涯度无涯，你的学习永远没有尽头，而且也永远学不完、学不全。

更进一步说，学习本身不是目的。学习知识是为了我们能够工作、生活得更好，更幸福，能帮助我们度过快乐的一生。学习的目的是为了提高我们个人的竞争力，使我们能够在这么多的知识工作者当中脱颖而出，取得自己的成就。

如果你有了终身学习的理念并热爱学习的话，那么你面临的第一个问题是该学习什么，第二个问题是学习的深度——对于一个领域的知识要学习到什么程度才算合适？

你的知识根基

在知名的谍战电视剧《潜伏》中，有这样一段剧情和台词：

翠平穿了一件新旗袍，在镜子前打量。

余则成：像一个人。

翠平：谁？

余则成：林黛玉。

翠平：在哪认识的野女人吧？

余则成：……（无语状）

知识工作者需要跟人协作才能做好自己的工作，同时也需要通过建立良好的人际关系，从具有不同特长和优势的人身上学习隐性知识。但人与人协作和建立关系的前提是拥有共同的语言、文化背景，有可以一起聊的话题。构建和谐人际关系的基础，除了沟通、交流的技巧外，本质上是要拥有彼此差不多的知识基础。就如《潜伏》中的余则成和翠萍，在真实的生活中很难成为夫妻和朋友，因为他们缺乏共同的知识基础。估计我们每个人都有这样的感受，如果两个人知识背景相差很大，就很难产生沟通、交流的欲望，很难真正地交流思想和分享知识，最多是一方照顾另一方的沟通。

所以，作为一个现代的知识工作者，有一些基础知识是每个人必须掌握的。你起码要知道陈胜吴广是农民反抗压迫的典型（否则你就不会理解人们说"我们最需要陈胜吴广"是什么意思）；你起码要知道基本的数学、物理学、逻辑推理和心理学的知识；你还需要知道地理、文化、历史和生活的基本常识，否则没有人愿意与你沟通、交流，没有人愿意与你分享、合作。

如果你在中国生活和工作，你起码要了解中国的国情、政治和存在于各行各业的潜规则、人情世故，否则你有再多的知识、再高的学历也可能寸步难行。作为一个现代人，你也不能离这个世界太远，如果你不知道什么是"粉丝"、什么是"世界杯"、什么是"双规"、什么是"3G"，你就错过了许多跟人沟通交流的机会，欠缺了许多建立个人关系的谈资，甚至会看不懂许多报纸和杂志。

既然这样，知识工作者需要的基础知识是哪些？应该如何知道自己掌握了哪些知识呢？笔者提供一个简单的方法，你可以找一找每年国家公务员考试中基础知识部分的题目，自己做一下测试。它的内容覆盖了哲学、政治、经济、文化、法律、科学、数学、逻辑、阅读、表达等各个方面，通过做这种测试你可以发现自己最擅长和最差的领域，因此你可以有意识地去恶补一下自己最差的部分，因为这些知识是你跟人交流沟通、掌握信息、学习其他知识的基础，知识基础的不牢固会成为你个人成长和进步的一大障碍。

确定你的学习方向

先看一组数据：

近三十年产生的信息量超过过去5 000年间产生的；

全球印刷品的全部信息量每4~5年翻一番；

《纽约时报》一个工作日发表的信息量比17世纪一个英国人一辈子获取的信息量还要大；

全世界每天出版的书籍超过4 000种。

看到这些数据，你是什么感觉？很不幸，这个数据是20世纪90年代的，而且只包括了纸质的出版物。如果再加上互联网、电视，这些数字要远比纸质出版物的数量高好多倍。

而我们每个人一天只能有24小时，我们还要吃饭、睡觉，还要孝敬老人、教育孩子，还要经营爱情、维护朋友，还要……

在如此海量的信息和知识面前，每个人都显得那么渺小。即便从生下来就不吃不喝地学习，你所能掌握的知识也只不过是沧海一粟。怎么办？这个时候你就必须要找到学习的目标和方向，然后聚焦在这个方向上学习。

那么如何选择知识学习的方向呢？

这里笔者也无法告诉你确切答案，但是确定自己知识学习方向的根本其实就是了解你自己：你想成为什么样的人，你的兴趣是什么，你的优势是什么。在这里有一些工具和方法。

笔者可以告诉你的原则是：

你的兴趣要远远大于你的能力和时间约束。所以你在确定自己的方向时，在你众多的兴趣中，你必须做减法：聚焦，首先你要在一个细分的领域达到专家的水平。这个聚焦越细越好。然后选择自己有兴趣又有优势的部分，经营自己的长处和优势。传统的教育告诉我们，什么差需要补什么，例如老师会说不能偏科，语文差要多阅读、多写作；化学差要多做实验、多做题。从基础教育的角度讲，这也许没错。但对于工作后的人，如果你一辈子都在关注自己的短处，都在补自己最差的部分，那么你的一生一定是郁闷的一生，因为你永远看到的是自己比较差的地方。你的一生也一定不会太成功，因为你再补也只能是从50分提升到70分，这个时候就不如找到你最擅长、最有优势的部分，如果你能从70分提升到90分，那你已经成为一个领域的专家了，而70分的人只是一个很普通的人。

笔者认为，通常对于高中毕业以后的人，就没有必要再在自己最不擅长的地方下工夫了：因为经过近二十年的成长和发展，你的个性、气质接近定型，你最擅长和具有优势的东西也基本成形，从这个时候开始你就应该去发挥自己的优势。例如有的人擅长处理数字，有的人更愿意跟人打交道，有的人喜欢可预见性而讨厌风险，有的人如果知道自己3年后是什么样就感觉无法忍受。

如何确定自己学习知识的方向，根本就在于了解你自己，在确定目标的情况下发挥自己的优势。

"我和你们当中的每个人其实没什么不一样。"

沃伦·巴菲特对坐满一屋子的内布拉斯加大学的学生们说，这时的他像往常一样平易近人，不修边幅。鉴于他是世界顶级富豪，而大部分学生连付电话费都觉得费劲，他们开始发笑。

"我可能比你们钱多，但钱并非差别所在。不错，我买得起最高级的手缝西服，但我一穿上身，却毫无高贵感。我情愿吃一块芝士汉堡而不吃100美元一份的大餐。"

学生们将信将疑，巴菲特进一步说："如果你们和我有任何不同的话，那就是我每天起床后都有机会做我最爱做的事，天天如此。如果你们想从我这里学到什么，这就是我对你们的最好忠告。"

巴菲特是因为做自己喜欢的工作而成功，所有的人都证明做自己喜欢的工作容易成功。那么，你喜欢什么？只有确定了你的方向才能知道你应该学什么。确定方向需要你了解自己，以下提供了一些了解自我的方法和工具：

第一，你的价值观是什么？

一个公务员，是升官重要还是发财重要？

一个大四的学生，是毕业就赚钱重要，还是再花时间和金钱读研究生后再去赚钱重要？

一个美女，是找一个有钱的老公重要，还是靠自己从头做起重要？

一个大学老师，是写文章做研究去当教授、院士重要，还是利用资源先赚钱重要？

人生的每个阶段都面临着选择，你该如何选择？这个时候就是价值观在发挥作用，通俗点说，价值观就是在面临选择时你觉得更有价值的内容。人们都想名利双收，但许多时候，名、利是冲突的，这个时候就要选择：要名还是要利，选择的依据就是你觉得哪个对你更有价值。

常见的价值观包括表 2 中的内容。

表 2 常见的价值观

因素	含　义
家庭	重视家庭，在你的心目中家庭是第一位的。例如：如果老板让你加班，你会想孩子的童年就一次，还是要陪孩子
社会	你享受人际交往中如鱼得水的感觉，你认为有自己的朋友圈子、参加社交活动让你感到快乐
社区	乐于参与志愿者的活动，在你的社区你是一个热心人，在社区中你才能有归属感和安全感
专业	你很在乎你的职业，认为有一个令人满意、具有挑战机会的职业是你的财富，你很在乎自己在职业上的进步
金钱	在同等条件下，你会觉得金钱更重要，你更喜欢好车子、好房子和好衣服
精神	你更喜欢独处、反思和与自己的精神对话，或者有自己的信仰
智力	在同等条件下，你更愿意花时间在自己智力上的提升，你也更愿意让别人知道你知识、智力水平上的优势

不同的人有不同的价值观。如果一个政府官员在价值观上更注重金钱就是一件很可怕的事情，因为从全球来看，公务员都不是一个收入最高的职业，这样他就很容易利用权力谋私。

第二，你的个人目标是什么？

目标有长期目标和短期目标，许多时候这两者是冲突的。高中毕业就去上班挣钱是你的一个目标，上四年大学（四年时间和金钱成本）再去挣钱也是一个目标，还有人要读硕士、博士后再去挣钱也是一个目标。

你选择哪个目标，其实是你的价值观在给你提供判断的依据！

人们的目标很多，所以需要去选择，在选择的时候更多的是靠国家、企业和个人的价值观。如果价值观错位，那么战略目标不可能正确。例如卖淫者的价值观就是快速赚钱，及时行乐，那么她们很可能会在十八岁时就出来混，赚钱、快乐，到20岁就达到了自己人生的顶峰，然后她的人生曲线就开始向下，而这个时候女大学生的人生才刚刚开始。国家有自己的战略，企业有自己的战略，人也应该有自己的人生战略。你也许说自己没有战略，其实没有战略也就是你的战略。

通俗地说，你的战略就是你想成为什么样的人。譬如李开复说过，“无论是在微软还是在Google，我追求的是我个人的影响力，所以我会抽出许多时间去给大学生演讲。”

对于正在读书或者刚刚毕业的学生而言，可能很难知道自己想成为什么样的人，想做什么。其实35岁以前都是可以尝试的过程，原来你的目标可能根本不是你想要的东西，所以学生们在读书的时候、在刚毕业的时候应该尽可能多尝试，有机会都参与一下，从而尽快找到自己真正的人生战略。

第三，你的性格是什么？

为了更深入地了解自己，你也可以参加一些比较公认的性格测试。通过性格测试可以确定你擅长的工作类型。例如销售人员需要外向型性格、愿意跟人交流沟通的人，财务人员需要擅长分析、自我约束能力强的人。如果你擅长分析，对数字敏感，那你就可以将自己的职业方向定位为大型企业的财务总监，想成为财务总监需要什么样的知识结构，你就可以按照这个结构去学习。

最知名的职业性格测试叫MBTI（Myers-Briggs Type Indicator）职业性格测试，由美国心理学家Katherine Cook Briggs（1875—1968）和Isabel Briggs Myers根据瑞士著名的心理分析学家Carl G. Jung（荣格）的心理类型理论和他们对于人类性格差异的长期观察和研究而著成。该理论认为，人的性格倾向类似于人们书写，虽然成年人两只手都可以写字，但大部分人都是固定在用左手或者右手写。每个人都会沿着自己所属的性格类型发展出个人行为、技巧和态度，每一种性格类型都有自己的优势和缺陷，每一种也都存在着自己的潜能和盲点。MBTI性格测试多用于个人职业发展、团队发展，甚至用到婚姻咨询。比如性格冲突的两类人结婚后吵架的概率要高很多。

MBTI职业性格测试结果的不同显示了人与人之间的差异，而这些差异产生于：

- 他们把注意力集中在何处，从哪里获得动力（外向、内向）；
- 他们获取信息的方式（实感、直觉）；

- 他们作决定的方法（思维、情感）；
- 他们对外在世界如何取向；认知的过程或判断的过程（判断、知觉）。

在互联网上你可以用 MBTI 职业性格测试作关键词进行搜索，有很多在线测试网站。

第四，求求你，表扬我。

如果你仍然不了解自己的话，那么还有一个方法是让熟悉你的人告诉你，他们感觉到的你的个人优势是什么，我们称之为“求求你，表扬我”。从心理学上讲，你眼中的自己和别人眼中的自己是不同的，而从人的社会性角度而言，可能别人眼中的你才是真正的自己，他们可能更能说清楚你的优势。

方法是选择 10 个最熟悉你的人，包括你的家庭成员、朋友、工作同事、上司、老师等，然后征求他们对你的认识。记住，这里征求的是在他们眼中你最优秀的部分，而不是对你的意见和建议，不是你的不足。上面已经讲到过，要成功，需要发挥你的优势而不是去补你的劣势，所以你征求的是在他们心中觉得你最优秀的地方在哪里。在做这个工作的时候，你除了要求他们说出你的优秀外，还要要求他们用例子来证明他们的观点。

如果你去做，你就会发现结果跟你心目中的自己不同，你会发现自己原来还有这么多的优势。

案例：小王为了了解自己，利用“求求你，表扬我”的方法，设计了一个模板通过电子邮件发给自己的老师、同学、同事、朋友，他的模板是这样的：

> 亲爱的××：
>
> 我最近参加了个人知识管理的培训班，老师留了一份作业，是通过自己最熟悉的人来了解自己，题目叫“求求你，表扬我”。现在需要你帮助我做以下这个调查，内容很简单。
>
> 在您眼中，我最优秀的部分是什么（性格、技能、知识等）？
>
> 请举一个例子说明。
>
> 祝
>
> 心情快乐
>
> 小王

你应该学到什么程度

现在信息和知识越来越多，所以你在学习的时候需要确定自己的方向。在确定方向后，你就需要在你确定的方向上正向积累，争取成为一个领域的专家。前面提到的那个毕业于北京科技大学的女生就存在这样的问题，首先她没有方向，所以就随兴趣学习。这样造成的后果是虽然知道的很多，但真正能给自己带来的竞争优势却很少。由于现在知识更新周期很短，知识和经验在快速贬值，今天的知识可能明天就成为常识，如果你仅仅学某领域知识的基础部分，那么这些知识无法给你带来“超级价值”和竞争优势。

下面是一个知识成为常识的例子：

小刘学的是美术专业，1996 年毕业。当时他觉得互联网在中国是一个发展趋势，于是他就将自己的求职目标转移到网络上的美术设计。在 1997 年年初的时候，他的薪水就达到了 8000 元，并非他水平有多高，而是因为当时中国互联网大规模发展，根本很难找到相应的人才，所以他掌握的那些知识在当时是有独特性的，给刚毕业的他带来了每个月 8000 元的高薪。

但当我 2008 年见到他跟他交流的时候，才知道他的薪水不升反降，才 6000 多。后来探究原因是，他一直没有提高，而当年他有独特性的知识在 2008 年时已经成了类似常识的东西，每个城市都有许多培训学校在大批培训网站美工。

因为原来有竞争优势的知识会成为常识，这就要求每个人的学习应该是持续的。大部分人在学习一个领域的知识的时候，学到 80%就不学了，被称为“菜鸟学到 80%就飞走了”。而这 80%的知识可能是这个行业和领域的人都知道的，所以如果你在学习某个领域知识的时候，一定不能在 80%上就停下来。著名哲学家黑格尔曾说过：“一个志在有大成就的人，他必须……知道限制自己，反之，那些什么事都想做的人，其实什么事都不能做，而终归会失败。”新东方教育集团的俞敏洪说的一个例子很有代表性，他说“要引人敬意，就要研究一个非常专业的领域，在那个领域中，你是最顶尖的，至少是中国前 10 名，这样无论任何时候你都有话说，有事情可做。我原来想成为中国研究英语的前 100 名，但后来发现根本不可能。所以我就背单词，用 1 年的时间背诵了一本英文词典，成为中国单词专家，现在我出版的红宝书系列从初中到 GRE 词汇有十几本，年销量 100 万册，稿费比我正式工作的收入都高得多”。

建议：了解你的优势，确定你的目标后，起码在一个领域的学习时间要达到 3 年以上，才能成为这个知识领域上的专家。

你的知识结构

“除非把一件件事情放进构造好的模型里，否则很快就会忘记。详细的资料是靠表达它的简化方式来保存在记忆里的……获得的知识，如果没有完满的结构把它关联在一起，那是一种多半会被遗忘的知识。一串不连贯的论据在记忆中仅有短促得可怜的寿命。”

——美国教育心理学家、哈佛大学“认知研究中心”创立者布鲁纳

知识更新的加速，要求人们要不断地学习新知识，调整原有的知识结构，建立起与时代发展相适应的知识结构。同时，还要使自己掌握的知识具有一定的超前性，根据时代发展需要，及时掌握和补充必备的知识，认准发展的趋势，站在发展的前列。

知识结构可分为 3 个主要层次：第一，基础层次，即我们上文提到的现代人的基础知识，它是知识工作者必备的基本文化素质和修养；第二，中间层次，即较为系统的本专业知识，它是知识结构的特色，体现出不同知识工作者的特点和特色；第三，最高层次，这一层次是知识工作者的优势所在，它包括你从事专业的最新成就、技术发展、方向和动态的知识。

从 3 个层次的角度看，人们应建立的知识结构类似于我们大学读书时的不同阶段，先要学基础课，再学专业基础课，然后最后才是专业课，而这 3 个层次的知识更类似于金字塔，对于大部分知识工作者在起步的阶段都需要建立金字塔形的知识结构（图 2）。

金字塔形知识结构又称“宝塔形知识结构”。其特点是宽阔的塔基（广博的基础知识）、较大的塔身（专业基础知识）、尖锐的塔尖（专业知识）。三角形的面积（即知识量）是由高（H）和底长（W）的积求出的。对于成年后的知识工作者，如何提高金字塔的高度是最重要的问题，即我们上面讲到的知识学习要聚焦，选中一个方向走下去，持之以恒。对于自己不擅长的知识，你就

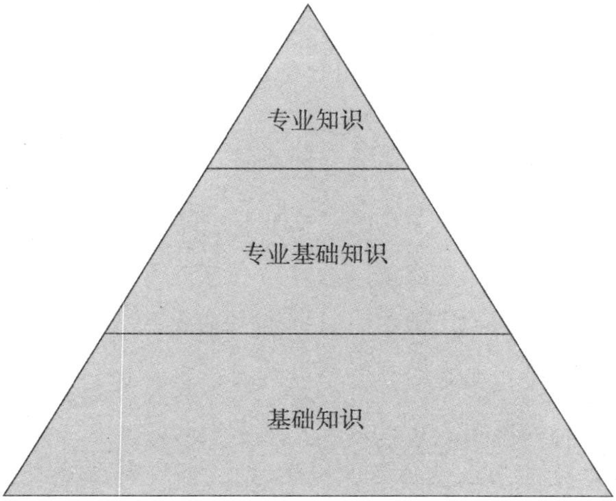

图2　知识结构金字塔

需要知道谁擅长，争取得到别人的协助。因为水平最高的人并非所有方面的水平都最高，只不过因为他们知道自己擅长的是什么、缺少的是什么，充分发挥自己的优势，紧密跟同伴协作。

第三节　怎样学习

确定你的学习方法

有没有一个任何人都适合的最高效的学习方法？

有的人读书、听课时都要做笔记，并且在回顾和复习的时候主要研究自己的笔记，甚至通过笔记能还原读书、听课时自己的想法、学习环境和老师的态度，这样的人通过记笔记的过程能取得最好的学习效果！

例如钱钟书。

关于钱钟书，撇开他的成就不论，最为人津津乐道的是他渊博的知识和超强的记忆力，据说，他看过的东西都是过目不忘，在进入小学读书之前，钱钟书已读了《西游记》、《水浒传》、《三国演义》、《聊斋志异》、《七侠五义》以及《说唐》等名著。钱钟书读书过目不忘，任人从书中随便抽出一段来考他，他都能不假思索、流畅无阻地背出来，甚至连书中好汉所使用兵器的斤两都背得出来。钱的记忆力被国外一些媒体誉为“照相机式记忆”，凡是他看过的东西就像照相一样记在大脑中。看钱钟书先生的《谈艺录》、《管锥编》，你也会发现先生旁征博引，从先秦到现代，从诗词到戏曲，随手拈来，行云流水，自然成文。所以他被誉为中国的“文化昆仑”。

在人们心目中，钱钟书先生的“天才”是常人可望不可及的。但钱钟书的夫人杨绛先生却不这么认为，她在一篇回忆文章中写道：“许多人说，钱钟书记忆力特强，过目不忘。他本人却并不以为自己有那么‘神’。他只是好读书，肯下工夫，不仅读，还做笔记；不仅读一遍两遍，还会读三遍四遍，笔记上不断地添补。所以他读的书虽然很多，也不易遗忘。”杨绛先生还提到“做笔记很费时间。钟书做一遍笔记的时间，约莫是读这本书的一倍。他说，一本书，第二遍再读，总会发现读第一遍时会有很多疏忽。最精彩的句子，要读几遍之后才发现”。

有的人读书、听课也做笔记，但他的笔记基本上自己不会再看。在大学里，这些人的笔记就成为某些不爱上课人的宝贝，相信你的同学中就有这样的人。对于这类人而言，他做笔记的目的不在于看笔记，而在于做的本身，他通过做笔记的过程增进理解、掌握知识，做笔记的过程其实就是掌握知识的过程，笔记做完了基本上他就掌握了这些知识；而看笔记的人则通过看别人的笔记去理解相关概念、工具和方法，通过阅读掌握知识。

有的人从来不做笔记，而主要靠读、听、看来学习！台湾著名的政论家南方朔据说从不做笔记，因为“读通了，就全在脑袋里了”。查找数据，就直接站到书架前动手，他宁愿在“没有 Google 的环境里写作”。如果你读南方朔的政论文章，你也会被他广博的知识所折服。许多学习很好的人也不做笔记，他们认为做笔记会分心，错过对精彩内容的掌握。

笔者认识一位成功的企业老总，他的学习方式就是说。当他对某个方面的知识不清楚的时候，他就先读基础的资料。读完后，当要与自己企业情况结合的时候，他就开会。开会的过程中他很少让别人发言，而是通过自己滔滔不绝地说的过程整理自己的思路和知识。说的过程就是他对知识反思、提炼的过程，当自己能比较系统地说出来的时候，他就认为自己已经掌握了这个领域的知识。

你的学习方式是什么样的？也许你需要通过做笔记来学习，也许你需要通过读和听来学习，也许你通过说的方式学习效率更高。其实没有哪一种方式是适合所有人的，你需要在学习中找到最适合自己的方式。

每个人都有自己最适合和擅长的学习方式，充分利用自己最擅长的方式是提升学习效率的主要方法。如果你觉得做笔记没用那你就不用做笔记，只要能达到相同的效果；如果你享受做笔记的过程或者只有边读、边听、边写才能找到感觉，那你就尊重自己的习惯；如果你愿意说你知道的知识，也许说的过程也就是你整理自己思路，将你已有的知识与新知识结合的过程，那你就多说吧！

获取知识的成本

小学六年，初中、高中六年，再加上普通高校本科的四年，整整 16 年。如果读到博士毕业，时间又要长不少！

通常的教育阶段对一个人十分重要，这不仅仅是一个获取知识的过程，而且还包括性格的养成、许多技能的学习与实践、世界观与人生观的树立等。

工作后，人们再也没有了在学校时候的好日子，上班下班，每天都是行色匆匆。但作为一个现代的知识工作者，我们还必须在繁忙的日子中抽出时间进行有效的学习，否则就要被淘汰。因为知识工作者需要终身学习已经是一个大家都认同的道理。

人生短短数十载，时间是一个最稀缺的资源，而且是一个无法购买和复制的资源。所以在知识的学习中，你必须要考虑知识获取的“成本”问题，这个成本除了金钱之外，最重要的是时间成本。

“这个培训班我是不是应该上?”

“看邀请函上写得很有意思，这个会议（论坛、研讨会）是不是应该去?”

“我经常登陆的论坛上的网友要见面，是不是该去看看，聊聊?”

“有没有必要花三个月的时间拿下这个证书?”

人不是为学知识而活着，所以我们的一生一定要去寻找更多的快乐：要锻炼身体，要去游泳、打球、K 歌。在这里笔者只是从知识获取的角度说，在时间固定的情况下，要学会判断知识学习方式的价值，就是说要提高“价值 / 时间”的值。在年轻的时候总觉得有大把的青春，可你总有一天会感觉到时间对自己很吝啬，时间如此短暂，所以要考虑如何更有效率地去获取知识！

如何才能提高“价值 / 时间”的值，如图 3 所示。

2. 投资	1. 斟酌替代方案
3. 斟酌	4. 抛弃

图 3　不同方案的“价值 / 时间”对比表

通过这个简单的四象限图，我们可以看出：

1. 是那种花费时间比较长，获得价值较高的活动；

2. 是那种花费时间比较短，获得价值较高的活动；

3. 是那种花费时间比较短，获得价值较低的活动；

4. 是那种花费时间比较长，获得价值较低的活动。

第 4 象限，花费的学习时间长但收益价值低，要抛弃——需要很长时间而收益却很低的学习活动坚决不能参加。第 2 象限表示花费时间短，对个人价值较高，这肯定是最好的选择，我们在学习时应该将时间分配在这样的活动上。第 1 象限，学习所要花费的时间和预期价值都比较高，这时候你就应该斟酌一下，是否有花费时间较少也能达到同等价值的替代方案。如果你比较重视学位，而这个学位的价值对你可能比较高（例如你的单位涨工资、分房子、升职等与学位有关）；如果你只是需要这个学位而不是想得到知识，那你就没有必要去上那些全日制班，而要去找花费时间少又能获得学位的替代办法，例如周末班、月末班甚至函授班。对于第 3 象限的情况，花费时间较少而预期价值也不大，不过需要注意一下的是，如果你要学的是一个新的领域又是一个很可能创新的机会，或者感觉这个知识价值并不大，但可以认识很多人，如果有时间也可以去看看。

细心的朋友可能发现，对何谓知识的价值并没有确切的定义。笔者的理解应该是知识的使用价值：这个知识能够给你赚钱（如果赚钱能让你感到幸福）、能够让你升职（如果升职让你有成就感）、能够让你获得愉悦或者满足感等。

希望通过图3提醒时间有限的你可以用这个四象限去判断，看看自己的知识学习活动是不是可以优化，效率是不是可以提高。

你的学习方法模型

如果你确定了自己的学习方向——比如某个领域，那么就应该去学习这个领域的知识，才能保证你能够掌握这个领域的知识全貌，然后在工作中去利用这些知识并创造新知识。

笔者认为主要是以下几个方面：

第一，掌握该领域的基础知识。

如果你不掌握这个领域的基础知识，那你对该领域的掌握就比较肤浅，很可能出现“无知者无畏”的情况，所以建议你要学习某个领域的知识，在起步阶段最好定下心来掌握该领域的基础知识。

掌握一个领域基础知识的最好方法是先读教材，选择一本经过时间检验、比较经典的教材深入研读，不要怕是“入门、概论”一类。对于新的领域，每个人都要学习如何入门。弄清楚教材之后，你需要去读经典的书籍。哪些书籍比较经典，可以请有经验的人来推荐，也可以到网上去查看大家的评论。

此外，可以读相关的经典论文。论文是否经典，可以通过引用数据来进行简单的衡量，Google 学术搜索提供了按照论文引用数据排序的功能。

第二，了解该领域的全貌。

读完上述的书和论文，你对该领域的知识有了一个初步的理解和掌握，但是还没有形成比较全面的认识。这时候你需要大量地泛读以了解这个领域，简单的方式是利用搜索引擎。就笔者自己来说，我主要是做知识管理的工作，关于知识管理和相关的关键词，在搜索引擎（例如 Google 和百度）前面 100 页的信息我基本上都看过一遍，通过这个广泛的阅读，我从各个角度了解了这个领域的信息和知识。接下来，你要确认领域内的专家是哪些人，与该领域的专家进行交流学习。

在有了基础，了解了全貌后，你可能就会开始从事这个领域的工作和利用这些知识来帮助你的工作。但你的学习还没有结束，你还需要持续地跟进这个领域，接触该领域的专家，反思自己的工作经验和教训等，以帮助自己不断提高。

第三，跟踪并掌握该领域的最新知识。

每个领域的知识都会根据需求和实践的发展而升级，社会的进步、技术的更新都会对知识产生影响，这个时候你需要持续地跟踪并学习。

你要明确需要跟踪的内容，包括显性的和隐性的。显性的包括报纸、杂志、新闻、论文，隐性的包括行业专家、参与讨论的相应社区。显性的内容大都以数字的形式存在，你可以用 RSS 订阅的形式订阅到自己的面前；隐性的内容你要保持与行业专家的定时交流、沟通。

通过跟进，你可以发现最新的趋势和规律，掌握你所在领域的进展，从而结合你的工作进行创新。

第四，在实践中学习和创新。

知识的创新离不开实践，在实践中才能产生真正的创新。你需要在实践中总结自己的经验和教训，有意识地提升自己的显性化的知识水平和能力，对于已经掌握的知识要多说、多写，争取能够用最通俗的语言讲清楚复杂的问题。

下面简单总结一下，你的知识学习可以用图 4 来表示：

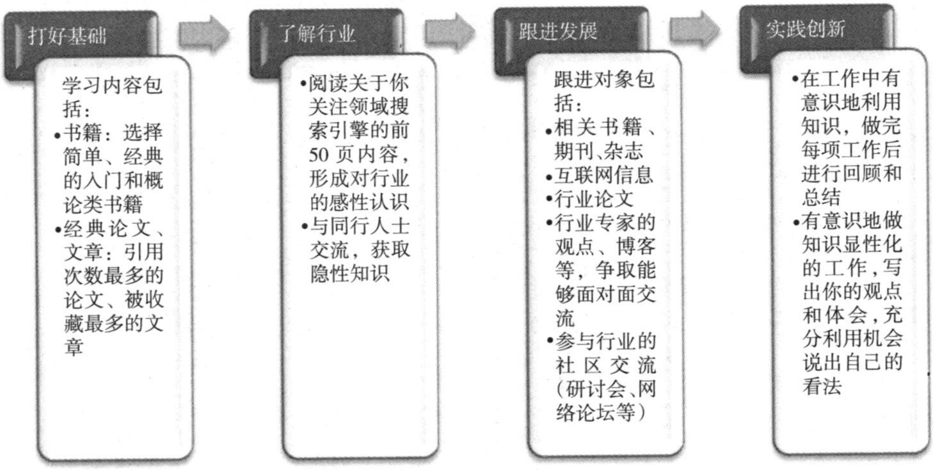

图 4　学习方法模型

通过该模型，可以促进你对某个领域知识的学习，让你真正达到成为该领域专家的目的，要知道，模型中的各个阶段是一个循环往复的过程。

个人学习中的重要能力

首先是检索信息和知识的能力。据社会学专家预测，最近 30 年产生的知识总量，相当于过去 2 000 年产生的知识总和；到 2020 年，知识的总量将比现在增加 3 ~ 4 倍；而到 2050 年，目前我们掌握的的知识将只占届时知识总量的 1%，即知识在急剧膨胀。知识更新日新月异，而人生有限的时间决定了人类不可能将所有知识都能掌握，在知识的汪洋大海中，我们能够掌握的知识只不过是沧海一粟。

生活节奏越来越快，每个人都感觉到时间不够用、眼睛不够用、脑袋不够用。但从个人知识学习和管理的角度而言，并不是所有的知识都要掌握，其实你只需要掌握与自己工作最相关、最至关重要的那部分，其中有一类知识是“我知道在哪里、我知道如何找到”的知识，如果你能在需要的时候找到这些知识，同时这些知识能为你所用，那么这些知识也属于你。此外，信息的增加更加迅速，现在的信息总量已经远远超过了人类所能把握的量，我们已经介绍了“没有信息，知识无法发挥作用”，因为信息是对现实世界的多角度描述，我们也没有必要去记住那么多信息，只要在我们需要的时候找到就可以。

信息爆炸和知识快速更新给每个人都提出了挑战，但可喜的是人类社会的发展也总会提供相应的工具。搜索引擎和其他类似的工具成为了我们获取信息和知识的有力武器，随着越来越多的信息和知识以数字形式传播，互联网已经成为人类社会最大的信息和知识库。这时候，如何高效利用互联网挖掘信息和知识成为每个知识工作者都必须掌握的一种技能，所以我们才会听到“外事不决问 Google，内事不决问老婆”的戏言。

图书馆学、档案学的一个重要使命是研究如何更好地组织信息和知识资源，方便人们使用，方式是通过建立目录、索引等方式组织已有的信息和知识，属于比较古老的学科。但在目前的环境下，之前的研究结果虽然有自己的价值，但是存在着力不从心的地方，现在因为技术的进步又发现了类似 Google、百度这类自动的搜索引擎。现在利用网络搜索获取信息和知识已经成为人们获取信息的主流方式，无论是在企业内部网络还是在互联网上。

笔者在咨询和管理实践中也发现，不同的人获取、查找和搜索信息和知识的能力差别很大，即使已经存在的东西也有许多人找不到或者要花费大量时间才能找到。那么如何才能提高个人信息和知识的获取、查找和搜索能力呢?

第一，获取、查找和搜索信息和知识能力的基础是你要有某个领域的知识基础，对一个领域越熟悉、掌握的知识越多，你就能越快速地找到该领域的信息和知识。

现在你的领导给你布置一个任务，他准备去太空旅行，并且已经缴费，将在近期出发。他要求你给他提供一个太空旅行注意事项的报告，你该如何写这个报告呢?估计你很难去寻找和搜索这方面的信息，笔者也不会。因为我们根本没有该领域的知识积累，所以我们即使想去搜索也很难提出相应的关键词，而现在的搜索引擎还没有成熟到语义搜索的地步。

如果你想提升自己的信息和知识获取的能力，需要从根本上做的就是提高对一个领域知识掌握的广度和深度。一个初学者和行业专家相比，他获取信息和知识的能力绝对是有较大差距的。

第二，掌握搜索引擎的常用技巧。在知识水平和能力相同或者类似的情况下，技巧的影响会很大。不过，普通人需要经常用到的搜索引擎技巧其实并不多，在下面我列出了常用的搜索引擎技巧。笔者强烈建议你能抽出两个小时的时间，一个技巧一个技巧地自己体会一下。用两个小时的投入，起码可以给你带来十年在搜索引擎使用上的高效率，这是一个绝对值得投入时间去学习的过程。

第三，搜索引擎并非是最高效率的方式。可能你也发现了，在搜索任何关键词的时候都会得到海量的信息——“我要的是一滴水，你却给了我整个大海”。自己有限的时间都花在了去判断无限的信息过程中：哪些有用，哪些没用。现在，有许多人养成了搜索引擎依赖症，任何内容都要去搜索。其实最有效的方式可能是你拿起电话询问提供查询服务的机构或者问问身边的同事、朋友，他们给你的解答也许最有效。除了利用搜索引擎外，你更需要利用自己掌握的人际关系去学习，知道谁知道、知道谁最擅长什么。

搜索引擎使用中的10个技巧

现在搜索引擎的种类很多，不同的搜索引擎有不同的优势和劣势，在搜索的时候你要根据搜索的目的确定搜索引擎。关于常用搜索引擎工具的优缺点、各自的特长在本章第四节的“搜索引擎”部分作详细的介绍。如果你要寻找偏学术的内容，建议最好使用Google的学术搜索，如果你想知道赵本山的前妻是谁，微软为我们提供了人物关系搜索。因此说，要根据你的不同搜索目的选择不同的搜索引擎工具。因为搜索的技巧有共同性，不同的搜索引擎工具之间都大同小异，以下为使用搜索引擎的10个技巧。

(1) 关键词组合

如果你搜索的关键词是“北京奥运会”，那么在Google中会出现17 700 000个相关结果。因为一个“北京奥运会”谁也不知道你要什么，假如你想知道奥运会期间的宾馆价格，那你需要输入“北京奥运会宾馆价格”，这样获得的结果是2 420 000项符合，可以看到搜索结果数少了一个数量级，方便你更准确地定位你需要的信息。因此你要根据你的需要养成使用多个关键词搜索的习惯，对于普通的应用，使用两个关键词，关键词与关键词之间以空格隔开搜索已经足够了。例如：你可以写上“青花瓷 mp3 下载”，就会给你找到关于《青花瓷》这首歌的mp3下载。

(2) 用“-（减号）”去除不需要的内容

“-（减号）”的作用是为了去除无关的搜索结果，提高搜索结果的相关性和准确性。许多时候，在搜索结果中会有很多不相关的内容，对于热点词汇尤甚。这时候你需要找出那些与结果不相关的特征关键词，把它减掉。比如你要搜索《天龙八部》游戏而不是金庸小说，你的关键词就可以写成“天龙八部 -金庸”，结果就会将金庸《天龙八部》小说的内容去掉。

(3) 搜索结果至少包含多个关键字中的任意一个

用大写的“OR”表示“或”操作。例如：搜索“A OR B”意思是，搜索结果的网页中存在A或者B或者两者都有。

例如：我想找到的内容必须含有“搜索引擎”，也可以包括“语义网”或者英文的语义网单词“Semantic Web”，其关键词应该是“搜索引擎 语义网

OR Semantic Web”。

(4) 搜索短语和句子

如果你搜索知识管理的英文单词“Knowledge Management”，搜索引擎通常会以为是两个词（Knowledge+Management）的组合，所以你如果想搜这个词，必须在搜索框中用引号。还有，使用一个汉语句子的搜索也是有效提高搜索精准性的手段。

(5) 在指定网站和相关领域网站搜索

如果你知道你们公司网站曾经发过一个重要的通知，但现在找不到了，你可以用关键词“site:youcompany.com”去搜索，这样就只在你公司的网站上搜索。当然你也可以搜索以某种后缀结束的域名，例如：你想只搜索我国台湾地区的网页，就可以用关键词“site:com.tw”，这样只搜索以.tw 为结尾的域名。可见，利用 site 就可以定位你要搜索的网站对象。

(6) 搜索某一类文件

如果你仅仅想搜索 word 或者 excel、ppt 的文件，你可以用 filetype 的搜索语法。例如：我们搜索 excel 格式的资产负债表，关键词应该写“资产负债表 filetype: xls”。Google 已经能检索微软的 Office 文档如.xls、.ppt、.doc、.rtf，WordPerfect 文档，Lotus 1-2-3 文档，Adobe 的.pdf 文档，ShockWave 的.swf 文档（Flash 动画）等。

(7) 把搜索范围限定在网页标题中——intitle

网页标题通常是对网页内容提纲挈领式的归纳。把查询内容范围限定在网页标题中，有时能获得良好的效果。使用的方式，是把查询内容中特别关键的部分，用“intitle:”领起来。

例如：找林青霞的写真，就可以这样查询：写真 intitle:林青霞

注意：intitle:和后面的关键词之间不要有空格。

(8) 巧用 index of 语法

“index of ”这个关键词可以直接进入网站首页下的所有文件和文件夹中，不必通过 HTTP 的网页形式，从而避免了不少网站的限制，做到了突破限制下载。例如在搜索框上输入：“index of /”ppt，然后搜索，你就可以突破网站入口下载 Powerpoint 作品；在搜索框上输入：“index of /”mp3，然后搜索，你就可以突破网站入口下载 mp3、rm 等影视作品；在搜索框上输入：“index of /”

swf，然后搜索，你就可以突破网站入口下载 flash 作品。

（9）目录检索

如果你不想搜索广泛的网页，而是想寻找某些专题网站，可以访问 Google 的分类目录 http://directory.Google.com/。分类的网站目录一般由专人负责，分类明确，信息集中。因此读者应该养成这样的习惯：首先考虑所需要的信息能否在一个专门主题的网站上找到。不过需要说明的是，用目录检索，往往需要用户对查询的领域很熟悉。否则，连查询的内容属于哪个种类都不知道，目录浏览也就无从谈起了。目录检索是解决你“不知道自己不知道的”一个途径。

（10）点击搜索结果前先思考，尽量用网页快照打开

一次成功的搜索由两个部分组成：正确的搜索关键词，有用的搜索结果。在你点击任何一条搜索结果之前，快速地分析一下你的搜索结果的标题、网址、摘要，会有助于你选出更准确的结果，帮你节省大量的时间。如果可能，尽量用“网页快照”打开相关页面，速度又快又能准确定位你的关键词。

其次是评估信息和知识的能力。《哈佛商业评论》在“2005 年管理者必须关注的 10 个前沿观点”一文中提到“别读到什么就信什么”，提示人们应该对所读的内容进行评估鉴别。在信息爆炸、知识量剧增的情况下，我们每个人都有这样的体会：用搜索引擎搜索任何关键词，都会找到上十万、百万条的信息，而对我们有价值的信息在哪里，没有人能告诉我们。我们该去读哪些内容，也没有人告诉我们。我们只能一个一个地去排除、试错，许多时候是读完了才发现只有很少价值，或者完全没有价值甚至是垃圾。同时，在学习的时候，我们应该学习什么也成为一个巨大的问题，比如“文革”中的七个样板戏虽然让文艺变得荒芜，但也减少了人们选择时的痛苦。

每个人的精力和时间都是有限的，而信息和知识则是无限的，所以在这种环境下，如果你想提高你的个人学习效率，你必须设置自己对于信息和知识的过滤器。

一根针掉到地上看不到了，可以用磁铁去寻找，因为磁铁只吸铁，对非铁的东西“免疫”，所以可以比较容易地找到细小的绣花针。在信息和知识的获取上也有这个问题，如果你拥有针对信息和知识的过滤器，那么海量的信息、爆炸的资讯对你不会产生“超载”影响，弱水三千，我只取一瓢饮！

你确定了需要的信息和知识是什么后，就可以制造自己的“信息与知识磁铁”，从而只吸收你需要的内容，其余的部分统统过滤掉。也许这样也就没有了信息焦虑和信息过载。从个人发展的角度说，确定自己的知识获取方向就是设置自己的信息和知识的过滤器：它会告诉你哪些信息需要吸收，哪些对自己是免疫的！

对信息和知识的评估是个人知识管理中的一项重要内容，是每个知识工作者必须拥有的一种能力。要想做一名成功的知识工作者，你必须炼就一双慧眼，在既包括垃圾又有精华的大量信息中发掘对自己工作、生活最有价值的东西。

我们必须承认，在众多的信息中有一部分是对我们有价值的，但目前的问题是我们不知道到底是哪一部分对我们有价值，而信息和知识的评估能力则让你在这些海量的信息中发现你的需要，对你的工作和生活产生价值。

解决之道

对信息和知识的评估过程是一个比较复杂的过程，我们很难想象让一个十几岁的孩子去评估一篇信息化方案。所以信息和知识的评估首先涉及的是个人信息和知识素养的问题。所谓个人的信息素养是指个人利用信息及相关载体与外界做合理而有效的沟通和互动所需具备的条件。在情感方面，要能认识到信息的价值和力量，并能判断其正确性。在认知方面，要了解信息的本质及其形式的多样性，熟悉寻求信息的方法，并具备评估、解释、组织及综合信息的能力。在技能方面，要具备操作信息检索、处理及传播的工具与系统，包括计算机、媒体系统和网络的基本能力。

提高个人的信息素养是提高信息评估能力的基础，同样一篇文章，有人能看出它的微言大义，也有人对其视若无睹，其实这是缘于个人信息素养高低的结果。而个人信息素养的提高却是一个渐进的过程，需要通过不断的学习和实践予以提高。

其实大家在工作中都在做信息评估的工作，在此笔者可以确信你经常上的网站不会超过20个，这就是你对所有的网站评估后的结果。你一定会习惯浏览一些报刊，很可能你对一些文章一瞥而过，而对另一些文章详细阅读，这同样也是你信息评估的结果。

笔者曾经随机调查了几个人：“你认为什么样的书对你来说是好书？”

“能引起共鸣的就是好书!”

“能解决我的实际问题的书就对我有价值!”

……

虽然每个人的回答不同，但我们可以看到大家在信息评估中的一些共性，即信息必须对个人有价值，这是信息评估中的第一位原则。这个价值的判断，根据每个人的情况不同而不同。下面简单列出一些评估的技巧。

(1) 对网络资源的评估

对于书刊和专业的学术杂志内容的评判，已经有比较明确的评估标准，例如国际上的 SCI 期刊目录、国内的核心期刊内容等，这些都可以作为我们信息评估的一个参考。目前大部分的信息都已经上网，这里我们着重说明对网络资源的信息评估问题。

对于一个网站内容的评估，首先看这个网站的发布者。一个好的网站应该有明确的网站制作者和版权所有者。根据对网站所有者信息的分析，可以对该网站发布信息的质量作出初步的判断，例如大学、研究机构、政府部门、学会协会、图书馆等所拥有的网站发布的信息应该具有较高质量。例如新华网作为新华社的官方网站，其发布的新闻要比商业网站可信度更高。

网站的用户利用率。大家都说好就是真的好，站点被访问的次数和频率越高，说明该站点上的信息价值越大。在这一点上类似于传统信息工作中通过引文分析来评价文献质量的方法。网站被其他网站链接和被权威的文章引用的情况也可以作为该网站信息评估的一个依据。例如新浪的新闻访问量在中文新闻资源中最大，那么新浪的新闻质量应该不会太差。

利用 Google 为网站评级。作为搜索引擎行业的老大，Google 发明了 PageRank 技术对网站进行评级。Google 把网页级别作为所有网络搜索工具的基础。网页级别利用了互联网独特的民主特性及其巨大的链接结构。实质上，当从网页 A 链接到网页 B 时，Google 就认为“网页 A 投了网页 B 一票”。Google 根据网页的得票数量评定其重要性。然而，除了考虑网页得票数量（即链接）的纯数量之外，Google 还要分析投票的网页。“重要”的网页所投出的票就会有更高的权重，并且有助于提高其他网页的“重要性”。

重要的、高质量的网页会获得较高的网页级别。Google 在排列其搜索结果时，会考虑每个网页的级别。当然，如果不能满足你的查询要求，网页级别再高对你来说也毫无意义。因此，Google 将网页级别与完善的文本匹配技术结合在一起，为你找到最重要、最有用的网页。Google 所关注的远不只是关键词在网页上出现的次数，它还对该网页的内容（以及该网页所链接的内容）进行全面检查，从而确定该网页是否满足你的查询要求。同时，Google 以其复杂而全自动的搜索方法排除了任何人为因素对搜索结果的影响。

(2) 对具体文章价值的评估

以上讲的都是对整个网站的信息评估，而我们需要的信息一般都是以一篇篇的文章形式存在着（一本书也可以看做一篇文章），下面笔者着重介绍如何对一篇篇的文章信息进行评估。

有价值的文章必须要与你需要解决的问题有关，或者能给你一些启发。一篇关于昆虫习性的文章科学价值再高，对于一个不关心昆虫研究的 CIO 而言也是没有价值的。

你要确定这篇文章是通俗性的文章还是一篇学术论文，如果你要写论文，你就必须要引用学术论文里的东西。

• 是不是最新的东西。现在各行各业的技术发展都日新月异，对于知识工作者而言，你要关注该文章的写作与出版年限，如果时间太长，技术已经突飞猛进了或者已经有了更新的解决方式，那么这篇文章的价值就要大打折扣。

• 事实是否可信，逻辑推理是否严谨。这个年代“枪稿”泛滥，报纸、杂志与书籍中到处充斥着“托儿们”的说辞，作为一个想获取真正信息和知识的知识工作者而言，一定要警惕这些“公关”文章。不是说这些文章没有任何价值，而是说一个知识工作者不应该被这些文章的观点所左右。

• 在相关的网络社区请专家或网友对这个文章进行评论。互联网上高人多、热心人也多，你可以把专业的文章拿到专业的网络社区去请人评判，不同的人站在不同的立场上评判出来的结果就比较公正。

• 一个小窍门：现在，搜索引擎的功能十分强大，如果你看到一篇文章很好，不妨用文章的全名在搜索引擎上搜一下，如果同类行业的网站都转载了，那起码可以证明这篇文章还是有不少可取之处的。

(3) 对人际交往中信息的评估

知识工作者获取信息和知识还有一个十分重要的渠道，就是通过人际交往。虽然现在“信息爆炸”，但许多真正有价值的信息和知识还是存在于不同的人身上，这就是所谓的隐性知识。对这部分隐性知识的获取对于每个人的工作也是极端重要的，但由于每个人所处的立场、利益关系等因素不同，使同样的信息和知识在每个人那里的评价各异，都会有倾向性甚至完全相反。这个时候就需要接受信息的人兼收并蓄，去伪存真，得到事情或道理的本质。其实古人说得好，“兼听则明，偏信则暗”，你需要在获得更多的信息加上你自己判断的基础上去作决定。

学习的具体方法

方法一：阅读经典书籍

联合国教科文组织在全球范围内推出“世界读书日”时，把一年能否读一本书作为一个标准，来衡量一个国家的文化发展程度和知识产权保护程度。我国对国民阅读的状况非常关注，并提出了“国民图书阅读率”这个概念，即“每年至少读一本书的读者在识字者中的比例”。随着互联网和手机等电子媒体的大量出现，人们阅读纸质书的比例持续走低。但中国图书出版的种类和数量却飞速增长，这样就出现了专门“做”书、“攒”书的机构和个人，出版质量良莠不齐，市场宣传手段花样翻新，让人有点无所适从。

笔者认为，网络和电子读物更适合浅阅读，如果是专业的书籍，从理解的方便和深度上讲还是需要阅读纸质书籍。图书市场上有许多挂着不少名人、市场推广活动的书等你买回去，坐下来看的时候才发现不仅质量很差，而且浪费了宝贵的时间。更可怕的是，对于一个陌生的领域，由于你了解不深，可能是阅读结束了也没发现这是“忽悠”人的书，如果按照这些书去行事，那一定会碰壁的。

所以，在确定你的知识学习方向以后，我的建议是先读经典的书，深入地读、全面地读、多次地读，一个行业和领域的经典知识将为你在该领域奠定发展的基础。

那什么是经典？

有的书虽然好，但可能不适合你目前的学习阶段。例如有的书是面向入门者的好书，就不适合资深人士阅读。有的书是面向进阶的用户，那一个新手可能就有点摸不着头脑。所以在阅读的时候你需要找到适合自己的经典。

如何去找?

可以充分利用大家的智慧：你信任的人推荐的、专家推荐的、互联网上的推荐。在此笔者给大家推荐豆瓣网（www.douban.com），该网站经过多年的运营，积累了大量的不同类型书籍的书评，大部分书都会有不同背景的人阅读后的反馈。豆瓣还建立了防“书托”的机制，相对来说比较客观。当你想买某本书的时候可以先登录上去查询一番，也许很快就会有人告诉你这本书出彩的地方、局限的地方在哪里，适合什么人读。

方法二：隐性知识学习，人际学习

我们知道知识分为显性知识和隐性知识，隐性知识的学习需要通过人与人之间面对面的交流，需要通过在真实的社区中和虚拟的网络社区中互动来激发。所以在隐性知识的学习上最重要的是要建立自己的人际网络。

(1) 建立人际网络的基础

胡适先生总共得到了36个博士学位，所以当年大家都爱说的一句口头禅是“我的朋友胡适之”，以认识胡适、与胡适有过交往为荣，胡博士成了挂在许多人口中显示身份的标志。这其实是我们普通人共同的心态，尊重名人、权威，靠名人来为自己撑腰、长脸。现在市面上许多书，都是名人后代写的关于他们父辈、祖辈的故事，很受人欢迎。还有许多书，都会请大大小小的名人做序，也是这种道理。

但是，尽管许多人都说“我的朋友胡适之”，而胡适先生自己认可的朋友有多少呢？即使胡适之可能是与你从小一起长大的“发小”，但如果你仅仅是在家种地，他可能也不会“理”你了，倒不是胡博士势利，而是因为你们之间实在不能找到什么共同的话题，除了小时候的事情。所以建立自己的人际关系的根本是要能够“互相吸引”，例如忘年交，年长的可能是从年轻人身上看到自己当年的影子，年轻人能够学习到经验和智慧；同时代的人可能是因为能够互相碰撞思想、支持帮助等，所以一定要有可吸引人之处，否则可能喜欢你的人就越来越少了。而吸引人的本质是你的知识基础，你和朋友之间能够产生的知识的碰撞和交流。否则你喊“我的朋友胡适之”的声音再响，也只能是做“粉丝”的角色。

在建立自己的人际网络的时候，你首先要“有料”，就是本章讲的你要学习；其次你有料又要让人知道，就是你需要去共享、传播你知道的东西，这部分内容将在第四章中详细说明。

(2) 如何交朋友

要向别人学习，首先要知道对方擅长什么。每个人都有优点和缺点，从学习的角度讲，你没必要过多地关注别人的缺点，而应重视对方的优点。但现实情况是，我们每个人的手机上、QQ 上、MSN 上都有上百人，我们知道几个人的背景、专业、知识优势和爱好呢？在通常情况下，联系人不等于是朋友，但并非说明这些联系人没有价值。对于这些人的管理方式，可行的办法是：

1. 在建立联系的同时尽量全面地保存联系人的资料、背景、什么状态下认识的、聊了什么话题等，资料越全越好，这时候千万不要相信你的记忆力，因为有些联系人的再次联系可能要在三五年后，届时你很难保证全部回忆起来。

2. 所谓的朋友，起码是可以交流和交换的人。交流思想、交换资源，已经建立了初步信任的人。朋友要跟普通的联系人区别开来，这个时候你就要分类，哪些人是简单的联系人，哪些人是你的朋友（或者你想让对方成为你的朋友）。对于联系人，你需要做的工作是尽量收集这个人的资料和背景，在需要的时候可以做到“知道谁知道”；对于朋友（或者想认识的朋友），才涉及下面的问题。

朋友是需要维护的，不可能等你找人办事的时候才想起朋友，这样的不叫朋友。有没有定时去交流思想、交流感情、互相问候。如果一个朋友三年不联系可能朋友关系也就黄了，但如果四个朋友一个月联系了 30 次，那你们很可能是在一起打麻将了。所以联系的频率也是一个需要考虑的因素。

(3) 跟谁交朋友

管宁、华歆共园中锄菜，见地有片金，管挥锄与瓦石不异，华捉而掷去之。又尝同席读书，有乘轩冕过门者，宁读如故，歆废书出看。宁割席分坐，曰：“子非吾友也！”

这就是“割席断交”的故事。古人教给我们交朋友要选志同道合的、情趣相投的，不能跟“坏人”做朋友，否则你也就慢慢学坏了！这很是有一番道理，如果一个未成年人整天跟一帮痞子混在一起，难免不学坏。我们长大后也要秉承这个理念，找与自己背景、文化、个性、工作相同或类似的人做朋友，形成我们自己的圈子，并在其中如鱼得水。

但从个人知识学习的角度讲，从别人身上学习的观点来看，人不仅要从跟自己相同或类似的人身上学习，即从与自己志同道合的人身上学习，更要从与自己性格、背景、学识、工作无关甚至迥异的人身上学习，正因为不同，对方身上才有我们自己、我们的圈子所缺少的东西，而也许正是这种东西的欠缺制约了我们的进步和成功。

看看你周围的朋友都是干什么的？是不是都跟你一样？

从跟自己迥异的人身上，总是能够有不同的发现，每次交流和沟通总能得到更多的启发，并能发现自己的不足和无知，不信你试试看？

当然，愿意去结识不同行业、背景迥异的朋友必须有良好的心态，要怀着尊敬、宽容、理解的心去真诚地交往，发现对方的优点并学习之！

方法三：在工作和生活中学习，每天增长一点点

如果你参加同学聚会，十年、十五年、二十年聚会，你就会发现同学之间的差距是如此的大。当年同班、同室，甚至睡在你上铺的兄弟，大家除了可以“回忆”一下过去，就很难找到共同语言：大部分时候你们不知道彼此在做什么、在想什么、在关注什么。所以有人“恶毒”地说：同学聚会其实是给那些“成功”的同学“得瑟”的机会，曾看到哈佛大学的一个教授建议“千万别去参加同学聚会”，因为他觉得同学聚会只能动摇那些还在奋斗路上的人的决心和意志。

平心而论，经过十年、十五年甚至二十年，当年彼此差不多的同学之间的差距的确拉开了：无论是在水平、能力还是收入上。为什么？

抛开那些不可控或者随机性因素：他进了一个垄断性质的单位、他找了个富婆或者有钱的岳父等，在同样的条件、同样的努力下，人跟人之间的差距也越来越大。在你的同事和朋友中，你会发现，有不少人并非工作不努力，他不是不认真，他也上进也学习，但总是在“重复昨天的故事”，成长很慢或者不成长！

任正非在一次高层会议上提问：“我的水平为什么比你们高？”大家回答：“不知道。”任正非说：“因为我从每一件事情（成功或失败）中，都能比你们多体悟一点点东西，事情做多了，水平自然就提高了。”

人与人之间的差距绝对不是一天晚上拉开的，绝对不是说突然某一天张三就比李四水平高出一大截。这个差距其实体现在每个事情上是否有成长，可能水平高的人还不如水平低的那个人做的事情多、更勤奋，但由于他注重了每次做完事情后的总结和提炼，同样的做事情，甚至他做事情更少但成长却更大，这样的日积月累，就逐渐显示出不同。

党和国家前领导人李瑞环与北京市的前副市长张百发都是建国后的劳动模范，都是工人出身，在记者问到张百发他与李瑞环的区别时，他也提到了李做完事情后的总结和提炼的能力，以及相应的理论化能力都是很强大的。

因此，对于知识工作者来说，在工作中学习，做完事情后的总结、提炼、提升是最大和最好的学习机会，而且从工作中学习得到的经验要比读书的效率提高很多。而有的人因为忽视了这一块的学习和长进，就会出现虽然也努力，也学习，但很难有大的、快速的提高。这成了人与人之间水平和能力差距拉大的主要原因。

谈到在工作中学习，那么如何学习，学习什么？许多时候即使你想总结也不知道总结什么，这就需要你不断地思考，在做不同事情的过程中寻找相似性，找到需要学习的“点”，制定出自己事后学习的模板，这样有意识地按照模板去总结和提炼，进而提高。

那么提问：请商业客户吃饭，吃饭结束后应该总结什么？

方法四：学习你的企业

A对B说：“我要离开这个公司。我恨这个公司！”

B建议：“我举双手赞成你！破公司一定要给它点颜色看看。不过你现在离开，还不是最好的时机。”

A问：“???”

B说：“如果你现在走，公司的损失并不大。你应该趁着在公司的机会，拼命去为自己拉一些客户，成为公司独当一面的人物，然后带着这些客户突然离开公司，公司才会受到重大损失，非常被动。”

A觉得B说得非常在理，于是努力工作。事遂所愿，半年多的努力工作后，他有了许多的忠实客户。

再见面时B问A：“现在是时机了，要跳就赶快行动哦！”

A淡然笑道：“老总跟我长谈过，准备升我做总经理助理，我暂时没有离开的打算了。”

其实不能升职也正是A当初要离开的原因。

抱怨没有价值。无论因为什么原因，如果当时当地你还不能从这个单位离开的话，你就要尊重你的工作，工作是你养家糊口的工具，是你学习和成长的基础。如果你对这个企业抱怨，你也没必要整天看到企业的不足：老板没有远见、任人唯亲，即使这些都是事实，你也没有必要用企业的消极面来惩罚自己，玷污你自己的眼睛和心灵。

要知道，如果一个企业一无是处，它一定早破产倒闭了，任何一个能在市场上存活的企业必然有自己的优势和你值得学习的地方：商业模式、企业文化、产品定位、研发和管理，最不济的企业也有你可以学习的人和事。

方法五：四象限知识的学习法

从个体的角度说，包括图 5 中的四种外部知识：

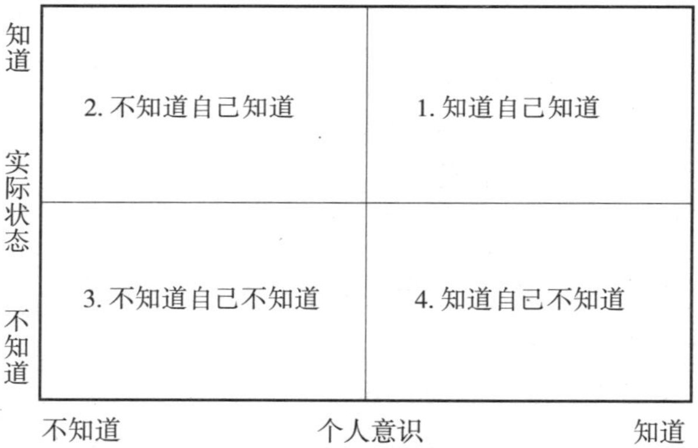

图 5　四种外部知识

第 1 类知识是我们“知道自己知道”的知识。这类知识我们不需要重新去学习，而只需要对这些知识进行整理和合适的存储，以便我们需要这些知识的时候能够找到它们。

第 2 类知识是我们“不知道自己知道”的知识。的确可能有许多知识连我们自己都不知道已经知道，也许只是在一个偶然的机会才发现自己还有那方面的知识。一个同事第一次打保龄球就打得很好，大家都很奇怪，他自己也疑惑不解。后来才想起来小时候玩的一个游戏跟打保龄球很相似。可以这样说，他早已经有了打保龄球的隐性知识，只是自己不知道而已。这类知识需要我们对自己进行盘点，将这些知识整理出来，将其转化为“知道自己知道”的知识。

第 3 类知识是我们“不知道自己不知道”的知识。对于这类知识我们如何去学习呢？因为我们根本不知道我们不知道这些东西啊！但必须承认，也许正是这些我们不知道的知识对我们的个人、对我们的组织却是最重要的知识！因此这些知识也需要我们去学习！

第 4 类知识是我们“知道自己不知道”的知识。这可能是我们大部分人学习知识的重点，但是有一个问题：我们知道自己不知道的知识有很多，是不是都要去学习呢？当然既不会也不可能，因此你必须确定你的知识管理的目标与需求，那是我们需要全力学习的知识。

可以看出，第 1 类知识是我们全部知识的基础，只有第 1 类知识丰富了，我们才能知道自己需要学习什么知识；第 2 类知识是我们需要着力学习的知识；第 3 类知识则是需要我们去发现的知识；而第 4 类知识是我们必须想办法掌握的知识。

市面上研究学习方法的书已经很多了，但大部分都是在探讨如何掌握信息，如何记忆某些信息。实际上，学习知识要求自己对信息进行评估、吸收、转化和利用，而知识却不是一些固定存在的字节，它是动态的、与环境不可分离的、与拥有的人有很大关系的。当然并非说一般的学习方法对知识的掌握没有用，而是我们需要从知识特性的角度来研究如何学习知识。

要学习知识，在确定自己学习的目标后，必须掌握学习的方法。比如你必须掌握如何利用图书馆、必须知道怎样用强大的搜索引擎找到你需要的信息、必须能够在海量的信息中分辨出对你有价值的信息等。这些都是最普通的学习知识的方法，在此不再赘述。

那么与人聊天叫不叫学习呢？

参加网上论坛的讨论叫不叫学习呢？

参加你感兴趣的小组聚会叫不叫学习呢？

第 4 类的知识（“知道自己不知道”的知识）中，你可以通过传统的上课或自学来掌握，也可以通过搜索引擎、图书馆找到相关的资料，那么第 2 类知识（“不知道自己知道”的知识）该如何掌握呢？进一步说，没有什么知识是静态存在的，所有的知识都有自己的存在环境和条件，也许当你掌握某一类知识的时候，这些知识赖以存在的环境已经变化了，这时候这些知识对你还有价值吗？古语“读万卷书不如行万里路”说的也是这个道理。我们一定要切切实实地注重在实践中学习。尽管现在的资讯很发达，但很多信息还是存在于不同的个人中间，因此多几个朋友对你会有很大的价值，也许有一天你某一个朋友的一句话能让你发现你“不知道自己不知道”的知识或“不知道自己知道”的知识。关于如何学习，国外的研究证明，实践社区 CoPs（Communities of Practice）可以作为一种很好的方式，通过持续的非正式学习形成个人和组织的核心竞争力在国外的实践中证明是可行的，只是实践社区 CoPs 也需要认真的管理和规划！

关于如何学习，笔者认为在注重传统的学习方式的情况下，必须结合知识的特点，更加注重实践在学习中的重要作用。许多知识是在书本上和用传统的方式学不到而且也不可能学到的，在实践中的学习除了目前常见的案例教学、情景模拟、研讨会等形式外，必须充分利用传统的方式和网络这个有效的工具，可以采取人际交往中的学习、实践社区 CoPs 中的学习等各种类型，使人们的学习活动得到真正的效果。

第四节 学习的工具列表

搜索引擎

搜索引擎是协助你在纷繁复杂的信息和知识中获取自己需求的有力工具。随着技术的发展，搜索引擎的功能也越来越强大。搜索引擎又分为搜索组织（政府、企业、教育机构、非营利组织等）内部信息和知识的企业搜索工具和搜索互联网上内容的互联网搜索引擎。此处指互联网上的搜索引擎工具。

这里简要介绍几种不同的搜索引擎，它们各自具有自己的优势和劣势。从个人学习的角度而言，你需要根据自己的需求去选择不同的搜索引擎组合来满足个人的需求。

现在全球最知名的搜索引擎是 www.google.com，中文名字为谷歌，与其相对应的域名为 www.google.cn。在中文领域最知名的搜索引擎是 www.baidu.com，中文名字为百度。Google 和百度各自都推出了不同的服务，在网页搜索方面，从学习的角度讲，对于比较严肃的内容，使用 Google 搜索会更加精准，而百度的新闻搜索（news.baidu.com）则内容覆盖面较广、更新速度更快。同时，

Google 和百度都有文档搜索功能，方便你仅仅搜索 word、ppt 的文档或者 pdf 文档，例如搜索关于个人知识管理的 pdf 文件，你的关键词可以这样写“个人知识管理 filetype:pdf”，即可以搜索到关于个人知识管理的 pdf 文件。

在学习和研究方面，Google 还有两个很有用的工具：Google 学术搜索（http://scholar.google.com）和 Google 图书搜索（http://books.google.com）。Google 学术搜索是一个可以免费搜索学术文章的网络搜索引擎。2004 年 11 月，Google 第一次发布了 Google 学术搜索的试用版。该项索引包括了世界上绝大部分出版的学术期刊。Google 学术搜索的针对性高、专业性强。搜索结果的排序考虑到每篇文章的全文内容、作者影响度、发表文章刊物的权威性，以及该文章被其他学术著作引用的次数等要素。相关性：此搜索结果不仅仅针对文字的搜索，搜索范围非常广，包括评论等多方面的结果和多语言的搜索。Google 图书搜索可以通过搜索图书全文，查找个人感兴趣的图书和相关的章节，并了解在何处可以选购或者借阅它们。发现一本书包含与你搜索的关键词相匹配的内容时，就会在搜索结果中与其建立链接。点击书名，即可查看一些关于该图书的基本信息。你还可以看到该书的几段摘录内容，并且在其上下文中显示你的搜索关键词。如果出版商或作者已通过合作商计划授权，那么你就可以看到该书的几页完整内容，如果图书已不受版权保护，你就可以随意浏览整部图书。

除了这两个最知名的搜索引擎，在使用中也不应该遗忘最早的目录式搜索引擎 Yahoo，与 Google 和百度这类对整个互联网进行索引的搜索引擎相比，目录式的搜索引擎仍然有自己的价值，它可以解决你“不知道自己不知道”、不知道找什么的问题。在 Google 和百度搜索中你都需要输入关键词，但当你还没有办法明确提出你的关键词或者不知道该用什么关键词的时候，你可以用目录式的搜索引擎，通过一级级目录的延伸，你可以找到自己需要的内容。Yahoo 目录式搜索网址为：search.yahoo.com/dir。

微软在中国推出了人立方关系搜索（renlifang.msra.cn），该搜索是由微软亚洲研究院网络搜索与挖掘组研发的对象级别（object-level）的互联网搜索引擎。其主要功能是通过从超过十亿的中文网页中，自动抽取出人名、地名、机构名以及中文短语，并且通过算法自动计算出它们之间存在关系的可能性；同时，人立方关系搜索还索引了支持它们之间关系的网页文字。此外，人立方关系搜索还会自动找出人名之间最可能的关系描述词、与人名最可能相关的称呼、作品等词条。人立方关系搜索从这些中文网页中自动地辨别出人名所对应的人物简介文字，并且按照这些文字是人物简介的可能性进行排序。当用户给出任意搜索关键词，人立方就能够找出与关键词最可能相关的人名、地名和机构名，并且根据它们与关键词之间的相关度排序。除此之外，人立方关系搜索还提供基于人名的新闻浏览。

通过人立方关系搜索，你可以迅速了解某个知名人物的社会关系，可以很好地协助你在隐性知识学习中“知道谁知道”。

表 3 常用搜索引擎

服务名称	作用	网址
Google 网页搜索	搜索互联网网页	www.google.com
百度新闻搜索	关注你的行业新闻信息	news.baidu.com
Google 学术搜索	搜索全球各领域学术信息内容	scholar.google.com
Google 图书搜索	搜索全球已出版的图书	books.google.com
Yahoo 目录式搜索	通过分类解决学习中不知道自己不知道、不知道该搜索什么的问题	search.yahoo.com/dir
人立方关系搜索	了解人与人、人与知识的关系，确定隐性知识所有人	renlifang.msra.cn

维基、百科型网站

一般认为沃德·坎宁安（Ward Cunningham）于 1995 年 3 月 25 日制作了第一个 Wiki 网站，并确立了 Wiki 的概念[该词来源于夏威夷语的“wee kee wee kee”，原本是“快点快点”（quick）的意思]。1995 年，沃德·坎宁安为方便社群交流而建立了一个工具——波特兰模式知识库（Portland Pattern Repository）。1996 年至 2000 年间，波特兰模式知识库围绕着面向社群的协作式写作，不断发展出一些支持这种写作的辅助工具，从而使 Wiki 的概念不断得到丰富。同时 Wiki 的概念也得到了更广泛的传播，出现了许多类似的网站和软件系统。2001 年 1 月，世界上最大的 Wiki 系统维基百科全书开始运行，2002 年 10 月，维基百科中文版开始运行。

Wiki 是一种多人协作的显性知识表达工具，对某一领域和主题的知识由多人发表自己的见解、意见或者扩展相关内容，并组织讨论。因为 Wiki 是以超文本的形式组织知识，所以有人认为，Wiki 系统属于一种人类知识网格系统，我们可以在 Web 的基础上对 Wiki 文本进行浏览、创建、更改；同时 Wiki 系统还支持面向社群的协作式知识共享，为协作式共享和写作提供帮助；最后，Wiki 的写作者之间自然构成了一个社群，Wiki 系统为这个社群提供简单的交流工具。

Wiki 技术和规范

Wiki 的哲学基础是认为每个人都抱有对于知识的尊重，不会故意破坏 Wiki 知识条目的质量。但为了 Wiki 系统的正常运转，仍制定了一系列的标准和规范。包括包含更新的每一个版本、提供版本更新描述方便人们查阅、提供沙箱（Sand Box）测试页面提供给初次参与的人、大家都遵守的编辑规则等。

把 Wiki 作为你的知识源

推荐把 Wiki 作为一种个人知识学习工具的原因是，Wiki 提供了一种不同背景的人对于知识的评估和共享体系，因为不同的人（前提是人的数量足够大）的共享保证了知识的质量，全球最知名的维基百科有一个信条："更多的眼睛可以看见更多的错误"，维基百科不是不犯错，而是在犯错误后可以更快地改正。所以在你的个人学习中，维基百科类型网站是一个重要的知识源，虽然其质量没有专人负责，但某种程度上要超过许多正式出版的知识内容。《大英百科全书》是世界上最古老、最受人尊敬的知识和信息来源，在 1768 年首次出版。维基百科只有不到 10 年的时间，但其词条和信息数量却是《大英百科全书》的数十倍，提供数百种语言版本，专职人员才 5 个，而《大英百科全书》的编撰队伍达数百人。在 2006 年，《自然》杂志曾经刊登一个他们研究的数据，尽管维基百科信息量要比《大英百科全书》大得多，但却只找到了 162 处错误，而在《大英百科全书》上有 123 处错误。

现在中文的 Wiki 和百科网站层出不穷，许多企业内部的知识管理实施中也采用 Wiki 作为知识管理系统的组成部分。同时，Wiki 网站既有通用的知识内容也有专业的 Wiki 共享。对于个人知识学习而言，除了要充分利用通用的 Wiki 网站进行学习外，你还要确定属于你个人知识领域的 Wiki 平台，最好能够参与相应的知识分享，因为分享的过程可以促进你个人的学习和提高，并能让你融入该知识领域。对于通用的 Wiki 平台，笔者推荐维基百科（Wikipedia），相对来说其内容的质量和数量都比较有保证。

（1）维基百科

维基百科（Wikipedia）是一个多语言、内容开放的网络百科全书计划。其内容由来自全世界的志愿者贡献并协同写作。自 2001 年英文版推出以来，维基百科不断快速成长，已经成为全球最大的信息和知识资料来源网站之一，其在 2008 年吸引了超过 6.84 亿的访客。目前在 250 种以上的语言版本中，共有超过 6 万名的使用者贡献了超过 1 000 万则知识条目。截至 2009 年 6 月 1 日，共有 254 844 则条目以中文撰写；每天有数十万的访客做出数十万次的编辑，创造出数千篇的新条目来让维基百科的内容变得更完整。

网址是：http://www.wikipedia.org

（2）百度百科

百度百科是一部内容开放、自由的网络百科全书，旨在创造一个涵盖所有领域知识、服务所有互联网用户的中文知识性百科全书。

百度百科本着平等、协作、分享、自由的互联网精神，提倡网络面前人人平等，所有人共同协作编写百科全书，让知识在一定的技术规则和文化脉络下得以不断组合和拓展。为用户提供一个创造性的网络平台，强调用户的参与和奉献精神，充分调动互联网所有用户的力量，汇聚上亿用户的头脑智慧，积极进行交流和分享，同时实现与搜索引擎的完美结合，从不同的层次上满足用户对信息的需求。截至 2008 年 1 月，词条总量突破 1 000 000。

网址是：http://baike.baidu.com

（3）互动百科

互动百科是全球最大的中文百科网站，致力于为上亿中文用户免费提供海量、全面、及时更新的百科信息，并通过全新的维基平台不断改善用户对信息的创作、获取和共享方式。截至 2009 年 4 月，互动百科已经发展成为一个由超过 100 万用户共同打造的拥有 300 万词条、32.7 亿字、300 万张图片的百科网站。

网址是：http://www.hudong.com

问答型网站

互联网足够大的用户量决定了你有疑惑的问题很可能别人也有，也一定会有相关的解答。所以互联网上有许多网友提问（Ask）、网友回答（Answer）的网站，网友提问和回答的结果共享（Share）在互联网上，可以供有类似问题的人学习。

在学习过程中，你一定会遇到不少疑惑的问题，最简单的方法是到相关的问答型网站搜索是否该问题已经得到圆满的解答，如果已经得到解答你就可以去学习。如果还没有类似的问题，你可以在这些问答型网站提出，相信众多网友的解答会给你启发和启迪。

该类网站存在的主要瓶颈是只能围绕浅层次的问题展开，而对于深层次的问题和牵涉到隐性知识的问题，由于网民的特点和互联网沟通的局限性决定了它很难产生真正有价值的回答。所以现在的趋势是各行各业的专业性网站都推出了自己的问答模块，相对来说可以提高问题和回答的质量。

通用性的问答网站主要包括以下几个：

百度知道：http://zhidao.baidu.com

雅虎知识堂：http://ks.cn.yahoo.com

新浪爱问知识人：http://iask.sina.com.cn

搜搜问问：http://wenwen.soso.com

在线论文库

国家知识基础设施（National Knowledge Infrastructure，NKI）的概念，由世界银行于 1998 年提出。中国知网（CNKI）工程是以实现全社会知识资源传播共享与增值利用为目标的信息化建设项目，由清华大学、清华同方发起，始建于 1999 年 6 月。CNKI 工程的具体目标，一是大规模集成整合知识信息资源，整体提高资源的综合和增值利用价值；二是建设知识资源互联网传播扩散与增值服务平台，为全社会提供资源共享、数字化学习、知识创新信息化条件；三是建设知识资源的深度开发利用平台，为社会各方面提供知识管理与知识服务的信息化手段；四是为知识资源生产出版部门创造互联网出版发行的市场环境与商业机制，大力促进文化出版事业、产业的现代化建设与跨越式发展。

中国知网的综合性数据库包括了中国期刊全文数据库、中国博士学位论文数据库、中国优秀硕士学位论文全文数据库、中国重要报纸全文数据库和中国重要会议论文全文数据库。每个数据库都提供初级检索、高级检索和专业检索三种检索功能。除了提供知识资源外，中国知网还提供对数据文献的评价。

现在中国的企业界和学术界之间存在一个“知识的分裂”：学术界研究的东西企业界不愿意关注，由于学术界不了解企业界的具体需求而闭门造车。从个人学习的角度看，即使不是做学术研究的人也很有必要去阅读你所在领域的优秀论文，也许你摸索好几个月的东西在几年前就有人研究过并以论文的形式分享了出来，那你为什么不去学习这些已经显性化的知识呢？这才是最有效率的学习方式和方法。

当然，现在学术领域的风气不是太好，论文抄袭、一稿多投现象层出不穷。但是由于学术领域已经建立了一套比较良好的内容评价体系，所以在其中高水平、有质量的知识仍然有很多，而且这些知识也是在使用中被人们挖掘出来的。因此，作为一个学习者，一定不能忽略这个很有价值的渠道。

中国知网的网址是：http://www.cnki.net

信息评价工具

豆瓣网：评价书籍的质量

豆瓣网是一家 Web2.0 网站，主要关注的内容是书籍、电影和音乐的评论。在豆瓣上，每个注册用户都可以自由发表有关书籍、电影和音乐的评论，可以搜索别人的推荐，所有的内容、分类、筛选、排序都由用户产生和决定，甚至在豆瓣主页出现的内容上也取决于用户的选择。

现在出版业高度发达，图书市场推广操作手法层出不穷，造成的结果是我们很难知道我们该看哪些书：哪些书是真正有价值的，哪些书是出版社和书商炒作起来的。豆瓣读书提供了一个对于图书的评价体系，在豆瓣上可以看到任何你读过或想读的书，可以按“在读”、“想读”或者“读过”把它列入“我读”页面。你还可以顺便给它打分、添加标签或者个人的附注。如果你不愿意参与评价，那么最简单的是，在购买一本书之前你可以查看一下网友对该书的评论：内容如何，适合什么人看，有哪些优点和缺点。如果参与的人数量足够大，那么我们可以相信这些推荐和评价是客观公正的，从而避免购买那些不适合自己读的书，节省宝贵的时间和金钱。

豆瓣读书的网址是：http://www.douban.com/book

美味书签，评价互联网上信息条目的质量

美味书签是一个基于网络（web）的社会性书签工具。它使用Tag来作为分类（区别于传统的分类方式，Tag分类方式的好处是同一条内容可以包含多个书签，实现了对信息内容的多维度分类），通过共同收藏的兴趣，美味书签构建了一个社会化网络：同一个书签的共同收藏人很可能有共同的兴趣，而查看一个人收藏的内容可以更完整地了解这个人的个性和特点。作为全球最知名的网络书签工具，美味书签拥有了形形色色的插件和附加工具，其功能也越来越强大。

从知识学习的角度讲，美味书签还是一个信息和知识评估的工具。因为互联网上海量的用户根据个人的需要收藏自己认为有价值的内容，在每个领域内，收藏次数最多的就是被大家广泛认可的最有价值的内容。在时间有限的情况下，你最应该学习的是这些内容，对于某个领域的初学者尤其重要，因为初学者尚没有建立自己对信息和知识评估的标准。

美味书签也提供了搜索功能，笔者在搜索英文信息的时候，习惯是先在美味书签搜索，然后再去Google等搜索引擎搜索，我相信前者加入了更多的人类的判断、评价和智慧。

美味书签的网址是：http://www.delicious.com

信息订阅工具：信息找人而非人找信息

Google Reader

Google Reader是Google提供的在线RSS阅读工具，在经过多次更新和升级后，目前已经成为最好的RSS阅读工具，拥有大量忠实的用户。

利用该阅读器，用户可以及时获得自己挑选的内容或更新的信息聚合。根据你的兴趣，你可以订阅你关注的内容到自己的 Google Reader，这样你关注的内容在更新后会自动推送到你的阅读器，避免你整天在不同网站之间切换的烦恼，让信息和知识来找你，而不是你每天去寻找。用户在 Google 上注册后，可以创建自己的阅读名单，并且你个人关注的信息还可以在你的 Blog 上展示和共享，也可以直接通过电子邮件，将你认为有价值的聚合信息分享给你的朋友。

Google Reader 的网址是：http://www.google.com/reader

iGoogle

iGoogle 是 Google 提供的一项服务。该服务让使用者按照个人的喜好，方便地定制和整合不同来源的信息，使之成为个性化的门户。它主要借鉴了门户（Portal）与门户块（Portlet）思想：一个完整的门户页面由用户定制的门户块构成。用户通过访问一个聚合了不同信息来源的门户页面，避免了多次访问的麻烦；同时，通过个性化的定制选择，为用户提供按需实现的“一站式”服务。

通过 iGoogle，你可以将自己日常需要的信息和知识集成到一个页面，每天早晨打开这个页面，你关注的信息和知识就会来到你的面前。

iGoogle 的网址是：http://www.google.com/ig

第三章

保存知识

相信你一定遇到过这种情况：明明记得昨天看到一份资料，今天写报告时要用到，但花费很多时间四处寻找后却没有找到；需要一个朋友的联系方式，虽然自己知道曾经联系过，但却翻箱倒柜也找不到；看到互联网上的免费文件赶立刻下载，但下载后却很少去看！

你是否有过这样的经历？前两天写的一个报告，现在领导着急要，自己明明存在电脑上了，可是却怎么也找不到；不久前在互联网上看到一篇文章，很符合自己现在的需要，想引用一下，却记不清楚题目是什么了，很难找到，想用搜索引擎去搜一下吧，可是由于连标题是什么都不记得了，费了半天劲也未必找得到，简直是费力又伤身！我相信这是每个知识工作者都面临的问题，由于保存知识的方法不得当，在使用的时候找不到所需要的知识，或者即使找到了但所费成本（时间、精力）过高，造成个人效率的低下；另一种情况是，保存起来的文章可能比较长，当时自己最感兴趣或者对自己最有启发的仅仅是其中的三五百字，等下次要用的时候却需要将整篇文章重看一遍才能找到。在这两种情况下，最理想的方式是当你需要的时候，能在第一时间找到，而且能第一时间找到当时对你最有启发的部分（可能是一篇文章中的三五百字，如有必要再进一步看整篇文章），这将极大提高你工作和学习的效率。

知识保存是个人知识管理中非常重要的问题，因此许多人认为个人知识管理的问题就是保存知识的问题。通过阅读本书你已经知道，这种观点是片面的，因为个人知识的管理主要包括了五个方面，只有全面掌握了这五个方面的知识才能让个人知识管理在个人发展中发挥作用。正确认识保存知识的重要性和在个人知识管理体系中的位置，有助于我们更全面地认识问题，更好地保存知识。本章将对该问题进行分析，从知识保存常见的误区入手，并提出相应的解决方法和建议。

第一节　恶习——无限制的保存

家藏万 G 书

仔细观察互联网上的各种网站，尤其是在社区和论坛中，你会发现，凡是供人下载的东西都很火，凡是免费送的东西总有人要，无论这个东西对自己有没有用，是精华还是糟粕。尤其这个内容涉及麦肯锡、埃森哲、微软或者国际、国内的大型企业，如果这个内容再有一个好听的名字，例如叫什么麦肯锡的中国移动营销案例、《哈佛商业评论》领导力大全、30 岁前不能不知的 10 个理财技巧，那叫一个火！

笔者经常见到一些人在自豪地说："我的硬盘上有 30G 全球最知名咨询公司的资料。""我买了三个外挂的硬盘，每个 120G，全是我收集的知识。知识在手咱还怕什么，知识就是力量"。

家藏万卷书，这是我们古人形容"有文化"的说法，现在已经改成"家有万 G 书"。"家有万 G 书"可比万卷多很多，甚至超过不少图书馆的书籍总量。

人们批评说那些只会读书不会做事的人是"两脚书橱"，但这些"书橱"起码将书读到了脑袋里，而你把知识存在自己的硬盘上却跟脑袋离得很远。如果一个人保存的知识超过一个限度，那么这些资料基本上将跟他无关，因为无法发挥出任何价值。

请你反思一下自己下载的资料，有多少是下载后一次也没看过，甚至到最后我们都不知道自己下载过什么。有多少资料你甚至没有打开过，甚至压根儿就不知道是什么。但只要有机会，只要看到有可以免费下载的东西，还是习惯继续下载，继续往家里搬。

不能否认在我们下载的这么多资料中有知识，但笔者前面也提到了，现在知识更新的速度加快，知识的数量也在迅速膨胀，如果不能把知识转化成"你的知识"，而仅仅是硬盘里的知识，那与自己何干呢？"你的知识"是你脑袋里的知识或者是你知道知识在哪里、是什么知识，这些知识要能为你所用，所以单纯的下载、保存知识并没有用，相反，我们称这种行为是一个信息时代的恶习！

人们下载的知识是显性知识的一种表现形式，对于这部分知识，如果没有被你处理过（阅读，知道是什么；思考，知道对你有什么用），根本不可能成为"你的知识"，根本不会对你产生一点点作用，只会让你"淹没在知识中"而无法自拔。

该保存哪些知识

对于每个人而言，人类的知识总量可以看做是无限的，而个人能够掌握的知识则是有限的。从人的一生来看，也不是比谁掌握的知识最多，而是要看谁利用知识为社会做出的贡献最大，谁创造的知识最有价值。所以，保存知识的目的是为了个人的更好发展，为了能更好地做好自己的工作，为了能帮助更多的人，为了拥有幸福快乐的一生。保存知识只是个人知识管理上的一环，如果你过于重视知识的保存，你就会忽略知识的学习、忽略知识的共享和传递、忽略知识的利用和创新，这样的知识其实对你和整个社会都是没有价值的。

因为我们的大脑不可能把所有知识都能保存得很好，所以我们要利用外力来保存一部分。例如并非所有的信息和知识都需要我们完全掌握，对一部分知识来说需要的是我们在使用的时候知道谁知道、知道在哪里，这时候就需要我们做保存知识的工作。

对于保存知识，聪明的知识工作者根据自己的专业方向制定要保存知识的类型和规则：只有符合目前和将来发展方向的我才会去保存。如果对我没有价值，那再好的知识我也不要；我保存的知识都要经过自己处理，为这些知识建立索引才能保证需要的时候能够找到，这个建立索引的过程大部分是通过大脑、通过关键词、通过保存知识的名称来确定，我要阅读、思考，起码知道我要保存的内容是什么（在讲什么、说什么）、知道哪里可能用到（可以做什么用、什么时候用）。

总之，只有那些符合个人发展目标的知识，只有经过自己的阅读、思考后保存的知识才有价值，这样的知识保存才是有价值的保存。

第二节　分门别类和一个好名字

人的认知和记忆都有局限性，如果让你在一分钟内记忆一组不相关的词，大部分人能够记忆的数量是有限的，如果将这些不相关的词再进行分类，例如分成动物、植物、生活用品、工业产品再去记忆，就能很有效地提升记忆的效率。如果你仅有 10 篇文档和 10 个文件，那么将它们放在你的电脑桌面上就行，但如果你有 300、3 000 篇文档和文件的时候，你就需要分类。只有对文档进行分门别类地保存，才能在使用的时候以最快的速度找到。

要根据个人的需求去制定个人文件的分类，应该简单、方便。每个人的习惯不同，在建立文件分类的时候要结合自己的工作和学习情况而定。一个原则是分类的深度不宜超过三层，即文件夹—子文件夹—孙文件夹，通常说，如果超过三层，自己再次打开的概率就会低于 10%。

你的文件分类方法

某互联网公司技术经理，其文件第一层主要分为：个人、工作、学习、工具，在工作文件夹下面根据工作类型分为项目、日常、管理。因为该技术经理的主要工作是围绕项目展开，所以项目下面再根据项目名称进行分类；除项目工作外，还有日常性的工作，例如服务器维护、内容管理系统维护等内容，管理是该技术经理在公司的另一个角色，涵盖了制度、流程、考核等内容。当然在个人、学习、工具文件夹下面都有相应的再分类，如图 6 所示（图中以“工作”文件夹为例展示第二层分类，其他分类没有标出）。

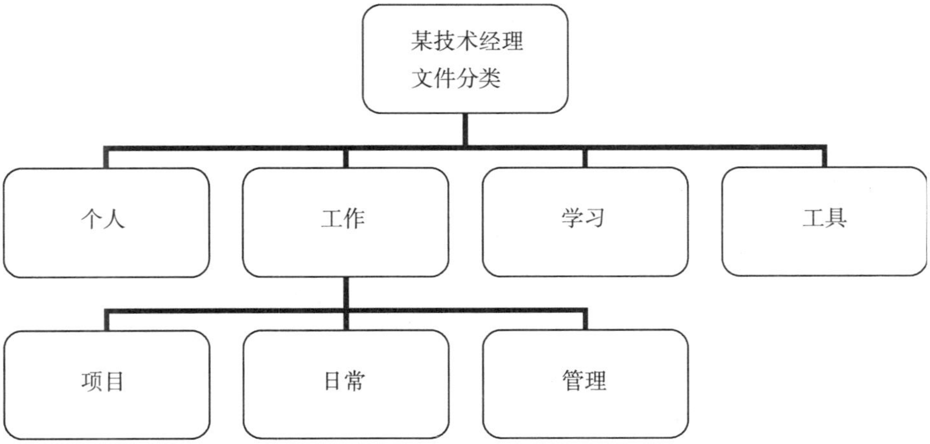

图 6　文件分类图示

个人文件命名体系

谈到文件命名，你可能会有疑问，这谁不会啊！是的，好像谁都会，可是有几个人能做到科学地命名呢？通常是随便起个名字，就存到某个地方去了，结果造成想找到的时候变得非常困难。当一个公司人想寻找公司 ERP 系统的项目总结报告时，他用“项目总结报告”去搜索，找出了数百个以“项目总结报告”命名的文件。到底哪个是 ERP 系统项目的总结报告呢？他需要一个个地打开这些文件去确定，这就是因为没有采取合适的命名造成的问题。

在这个提倡合作的年代，一个非常普遍的现象是：一份文档往往要经过多人修改，最后发送出去的应该是最终修改稿，而实际情况是，经常发送出去的是其中的某个中间稿，甚至是最初稿，这样的结果，轻则会导致重复劳动、工作效率低下，严重的甚至会泄露商业秘密，造成不应有的损失。

文件的命名工作是一项基础性工作，简单但不容易坚持，如果能长期坚持下去就可以明显地提升工作效率。文件命名工作的前提是要确定命名的方法和规则，要根据你的工作类型和习惯确定。

下面我们来分享一下某家公司的命名规则：

公司文档命名规则：公司简称—纬度—文档名—日期—版本号，如：KMC—咨询—质量控制—20090318—1.5，意思是 KMC 公司咨询业务单元质量控制文件，定稿于 2009 年 3 月 18 日，版本为 1.5。

公司项目命名规则：年—项目号—客户名—项目名—日期—版本号，如：2009—006—上海世博会组委会—国外市场拓展项目媒体组织—20090416—1.0，意思是该公司 2009 年第六个项目，上海世博会组委会的海外市场拓展媒体组织，定稿于 2009 年 4 月 16 日，版本号为 1.0。

与公司文件命名相比，在个人文件的命名上，可以更简单一些。除了要给自己的工作文件命名，每个人都会从不同的渠道（网上下载、朋友间的共享）得到不少文件，根据文件类型不同采用不同的命名方法。对于工作需要的文件，如果公司有命名规则就按照公司的规则执行，如果公司没有命名规则就根据自己的规则执行。对于自己收集的文件，则要按照自己的文件命名规则执行。

某出版社编辑对下载的文件，按照以下的方式命名："标题—机构（或者作者）—分类—类型"，例如他下载的德勤公司演示文稿的模板，是一个ppt文件，他的命名方式是"ppt模板—德勤—个人工具—ppt"，从分类方法上看，他是将ppt模板作为个人的工具，文件的类型为ppt。

以上的方法其实都很简单，你只需要花两个小时的时间对自己经常接触和使用的文件进行简单的分析，就可以规划出你的文件夹层次，制定出适合自己的命名规则，而难度仅仅在于如何能坚持下来。在日常工作中对文件进行命名，这看起来比较烦琐，但如果从长期上看，这是最有效率的文件管理方式。

举个例子说明，很多人从网络上下载了许多mp3的歌曲，但由于互联网上的歌曲大部分是根据文件上传的时间自动命名的，所以根本看不出到底是什么歌曲和内容。例如笔者在百度上搜索罗大佑《光阴的故事》，在下载后文件名是323823c416d44cee9bf65b4baf1c77b3.mp3，估计直接保存后没有人能看明白这是什么歌曲，这个时候我就将它的名字修改成"光阴的故事—罗大佑—mp3.mp3"。加上mp3文件后缀的目的是我要区分这是什么类型的文件，是一个mp3文件还是一个《光阴的故事》的歌词。当然你也可以用文件名的后缀去区分，但从方便使用的角度说，前者效率更高。

请一定要记住，在你下载文件或者新建文件时，不要只图方便，否则你今天的一时方便会带来明天使用时无穷无尽的麻烦，所以请勤快一些，这对于个人知识保存来说极其重要。

第三节　电脑桌面满了

笔者曾经见到一个22英寸的电脑显示器，密密麻麻的图标覆盖着显示器桌面，满了！电脑桌面上的快捷方式的原来用意是为了使用的方便，但如果什么东西都放在电脑桌面上也就不方便了。

现在，大部分人的电脑里都有文件、图片、聊天记录、电子邮件等很多内容。对于知识工作者来说，虽然没有22英寸显示器仍然放不下自己的文件快捷方式那么夸张，但大多数人都会感觉到自己的电脑里面比较杂乱，想要找一个文件或者图片的时候感觉很不方便。

下面笔者以使用最为广泛的Windows操作系统为例（如果你用其他的操

作系统也没有关系，其基本的方法和规则是相通的)，介绍一些简单的方法，来帮助你整理文件。

电脑中最混乱的地方

在大部分人的电脑中，最容易变乱的地方是以下几个区域，如果这几个地方整理清楚有序了，你的电脑就是“干净”的。

电脑的桌面：前面提到的例子就是桌面混乱的典型，桌面的主要功能就是为了方便随时使用拖放到桌面的文件。

我的文档（My Documents）：这是 Windows 自带的一个文件夹，里面包括了我的视频、我的图片、我的音乐，另外你与别人用 MSN 和 QQ 等 IM 工具聊天时对方传给你的文件、图片等也默认保存在这里；在你保存文档、文件的时候这里是默认的保存地址。

系统默认的用户文件夹（X：Documents and Settings）：该文件夹是用来存放你的个人配置文件的文件夹，默认在系统的根目录下。这个文件夹的容量会根据用户数量的多少和使用情况自动加大。

系统默认的下载目录（X：Downloads 或者你自己取的名字）：在 Windows 系统中，有一个默认的下载资料的目录，许多时候我们下载的内容就保存在这里。如果你不进行进一步的细分，任何下载的内容都将保存到这里，大概用不到半年这里的东西就很难找到了。

IE 浏览器的收藏夹：看到一个好的网站，看到一篇好的文章，你可能自然而然地用微软 IE 的收藏夹把它收藏起来。日积月累，即使有分类，这里也已经失去了收藏的意义，因为你再也不能快速找到你曾经收藏过的东西了！

六招清爽你的电脑

(1) 删除

对于电脑系统产生的临时文件，要尽快删除。可以充分利用相关的工具，比如 360 安全卫士（下载地址：www.360.cn）提供的“清理系统垃圾”功能将系统中的临时文件删除，其可以删除的文件包括了系统临时文件、IE 缓存文件、回收站中的文件、Windows 的预读文件、Office 的安装文件等内容。

对于自己不会再使用的文件，也要及时删除。如果不能确定哪些是永远不需要的，你可以建立一个“待删除文件夹”，将相关内容放置进去，如果在一定时间段内（例如半年或者一年的时间）没有再使用，就可以删除。

（2）建立分类文件夹并合理命名文件

建议在 Windows 自带的文件夹外，根据自己的使用习惯和要求，创建一些有意义的目录，这些目录分别存放相应分类的文件夹。这里就用到我们上一节讲到的分类和命名方法，不要嫌烦琐，起步阶段的烦琐可以保证你后续使用的方便和高效。在文件下载后立刻重新命名，不要想“等我有空的时候再去做”，因为你“永远没有空”。没有进行阅读和思考，没有进行合理的分类和命名的文件，即使在你的电脑里也“不是你的”。

（3）整理快捷方式

任何人的电脑在长时间使用后，在电脑“桌面”、“开始菜单”和“快速启动”里的快捷方式都会比较乱。虽然这些快捷方式都是曾经用过的，但现在一定有许多已经不需要了。例如，在“快速启动”栏里只需要保留你最常用的几个快捷方式（例如：浏览器、我的文档、word、excel、ppt）。把其他多余的快捷方式从“开始”菜单中拖到桌面，然后，在桌面新建一个文件夹，存放在桌面上的所有的快捷方式。打开这个文件夹，删除不需要的快捷方式，只保留常用的。这样，你的桌面和开始菜单看起来会更清爽，电脑的反应速度也会更快。

（4）在互联网上保存

现在的发展趋势是人们随时随地都可以上网，许多在本地机器上比较麻烦而不容易解决的问题如果放到互联网上，就可能不是问题，例如关于你的浏览器收藏夹里的内容，互联网上已经提供了很好的解决方式（在下一节我们将进行具体的介绍）。如果你认为某篇文章实在重要，你当然也可以按照之前的处理方式将它粘贴到 word 里面保存，这就类似于新建一个文件，这时你要注意的是我们前面提到的分类和命名两个问题。

希望自己电脑上的东西便于使用，你需要建立自己的分类和命名体系，建立一套适合自己的简单规则。另外就是要更加勤快一点，养成及时处理的习惯：在下载文件或者新建文件时，不要图方便，随手就放到桌面上，不要“偷懒”仍然使用那些不能表达任何意义的文件名称，一定按照你的文件命名规则确定相关的名字。确保你把文件放在了已经设置好分类的文件夹中，这样才能避免混乱，保持电脑的整洁有序。

(5) 本地搜索

随着你的个人电脑操作系统使用时间的增加，随着你工作和学习内容的增多，每个人电脑硬盘中的文件都会越来越多，即使你做了分类和命名，但寻找文件的难度仍然是越来越大，所花费的时间也越来越多，而且最终找不到自己存放文件的情况时有发生。这个时候大家通常的做法就是使用 Windows 系统自带的“搜索”功能来进行查找，但是 Windows 搜索很占用系统资源，许多时候用系统的“搜索”功能时其他功能基本上不能使用。而且搜索的准确度也比较低，很难找到所需要的内容。所以，主流的搜索引擎厂商推出了本地搜索的工具，Google 叫桌面搜索，百度叫硬盘搜索。

无论是桌面搜索还是硬盘搜索，其本质上都是对你个人电脑本地内容的搜索。本地搜索的使用方法和搜索方式与我们经常使用的 Google 和百度网页搜索一样简单，你只需要在搜索框内输入需要查询的内容，敲回车键，或者鼠标点击搜索框右侧的搜索按钮，就可以得到符合查询需求的内容，目前支持我们需要的大部分文件类型（doc、xls、pdf、电子邮件、mp3、聊天记录、图片等）。

在本章第六节笔者将详细介绍 Google 桌面搜索的功能，而百度硬盘搜索的基本功能与 Google 桌面搜索类似。

(6) 知识保存工具

目前，市面上出现了不少个人知识管理、个人信息管理的工具。但不同的工具适合不同的人，即使有这些工具，仍然要求你对自己的个人知识进行详细的规划，你要建立自己的知识分类和命名规则。

笔者推荐表 4 中的工具，工具的具体功能和使用方法在本章第六节作更详细的介绍，如果你准备使用也可以用搜索引擎去搜索相关的使用技巧。

表 4　常用的知识保存工具

工具名称	解决问题
Mybase	对个人信息和知识的有效组织
Total Commander	对个人信息和显性知识的有效组织
Google 桌面搜索	对本地机器的保存内容进行检索，类似于我们经常使用的互联网搜索引擎，替代 Windows 操作系统自带的搜索功能

第四节　互联网空间

小王是一年级博士生，现在马上就要准备博士论文的开题。写博士论文是一个“痛苦”的过程，起码要十几万字以上，要阅读数百甚至上千篇文献。而且导师还给他分配了许多其他工作，所以看起来是两年的时间写论文，但其实时间并不宽裕，他已经有好几个师兄师姐是延期毕业了。

在准备开始写自己博士论文的时候，小王想起了自己写硕士论文时候的经历。也是三年，也阅读了不少文献，但在真正开始写毕业论文的时候却发现了一个令人尴尬的问题：自己收集的那么多论文，想用的时候却不知道看哪个，也不知道论文中哪些内容是有价值的，哪些是废话、套话；自己原来在看论文、做调研时脑袋里产生的创新点和闪光点早就忘了！

后来笔者给他推荐了本节中介绍的互联网上的知识保存工具。

看过一篇互联网上的文章后觉得自己将来还会使用到，怎么办？

看到文章中的一部分内容写得很精彩，觉得应该记下来怎么办？

笔者曾经就这两个问题问过不少人，常见的做法是收藏到浏览器的收藏夹或者将文章内容复制下来，然后再粘贴到word里面保存。这些方法不能说不行，但都存在一定的问题。如果保存到收藏夹，由于收藏夹功能有限，即使做了分类，相关内容也不好找；如果保存成word文档，很可能保存完毕后就是你跟这些内容的最后一次见面，你内心再也没有找到所保存的文件夹、再找到这个文档、再打开去阅读这个文档的想法了。

在上一章中，我们介绍过互联网上的社会性书签工具（例如美味书签、百度搜藏），但那是从知识学习的角度讲的。其实社会性书签工具最大的一个好处是解决了好文章、好内容的收藏问题：不仅可以收藏，而且可以根据需求给这些收藏赋予相应的关键词；不仅可以收藏整篇文章，而且你还可以将文章中最有价值的地方用鼠标画出来。更可喜的是，社会性书签工具大部分提供了功能很强大的搜索工具，可以让你在自己收藏的内容中去寻找。当需要这些内容的时候，你就可以方便地找到自己原来感兴趣的是哪一部分，可以在读完感兴趣的部分后再去决定是否看完整篇文章。

有价值的东西永远不丢失

对于网站和文章的收藏，笔者推荐社会性书签工具。现在提供社会性书签工具的网站很多，包括 Google、Yahoo 等都提供相关工具。对于以中文阅读和使用为主的用户，笔者推荐百度搜藏（http://cang.baidu.com）。通过百度搜藏，当你阅读到一篇文章，如果觉得其中一段话比较有价值，你可以用鼠标左键点这段话反白选择下来，然后点鼠标右键，选择“添加到百度搜藏”，就会弹出相关页面，包括了要收藏页面的标题、描述和你选择的觉得有价值的那部分内容，再添加上你设置的关键词，最后点收藏就可以保存起来。百度搜藏有一个好处是，在你需要找一篇文章的时候，即使该文章的原始网站已经无法访问了，但百度会用缓存的形式帮你保存，这样就不会出现文章丢失的情况。

当需要找到该文章的时候，百度搜藏提供的搜索功能可以让你只搜索自己收藏的内容，速度很快并且准确。搜索出来的页面最先显示出来的是你之前标记过的最有价值的那部分内容，如果这部分内容就可以解决你需求的问题，那你就不需要再进一步去打开文章阅读，从而节省了宝贵的时间。

记录你的灵感

如何在读一篇文章的时候，把自己产生的有价值的感想记录下来，就像小王的状况，两三年的时间中产生的创新点和闪光点，等到真正需要的时候却记不来了。这个时候我们可以想一下自己在读纸质书的时候是怎么做的——当看到一页比较有价值的内容，你可能用“折页”的方式将该页突出一下，这就是我们上面提到的社会性书签功能；如果你产生了新的想法，你会在书的边缘记下来或者写到你的笔记本上，这种随读随记的方式是适合大部分人的阅读和思考的。现在互联网上已经提供类似的做笔记的小软件：当你看到一个网页、一篇文章产生自己想法的时候，你可以很方便地将这些想法记录到自己的电子笔记本上，然后在需要的时候可以方便地找到。

在互联网上保存你的创新思想和闪光点可以用电子的笔记软件，笔者在这里推荐 Google 的 Notebook（详细使用方法详见本章第六节工具部分内容）。安装Notebook 并登录后，你在查看网页时产生的想法、文章中有价值的内容都可以方便地写下来、复制过去，这些内容都将会保存在 Google 的服务器上，无论你在哪里，只要能上网就能方便地查询和使用。

Evernote 也是一款具有类似功能的软件，在某些方面，其功能要比 Google Notebook 更好，你也可以选用。

表 5　笔者推荐的部分工具 1

工具名称	解决问题
百度搜藏	网站和网页收藏工具，不仅可以收藏相关网站和网页，而且可以收藏网页内部的部分内容，方便使用和引用。
Google Notbook	电子笔记工具，可以在阅读网络内容的时候记录下自己的所思所想，将在阅读中产生的创新内容保存，方便以后使用。类似功能的软件还有 Evernote

第五节　对“人”的保存

除了利用图书资料、电子文档等学习外，知识工作者还有一个重要的学习方式是向他人学习。

在工作和实践中有一个很重要的情况是“知道谁知道”，即你在做事情的时候、遇到问题的时候，知道向谁去请教，知道谁是这个领域的专家，因为尽管这些知识不是为你所有，但可以为你所用。所以，在知识保存的阶段除了要考虑保存显性的资料和文件外，还要关注对人的“保存”。当然，我们无法保存人本身，我们只需要保存这个人的联系方式，以便能通过最快捷的方式获得他的协助。

此外，为了能获得他的协助，我们最好还能够知道这个人的背景、专业、优势、特长和个性等情况。了解一个人越多，那么你跟他交流与沟通的效率就越高，得到真正帮助的机会就越大。

你的贵人是谁

中国传统文化中有一句话叫“贵人相助”，但谁是你的贵人，没有人知道。

从人际资本和个人知识管理的角度而言，每个知识工作者都有自己的优势和特长，在自己熟悉的领域内，每个人都是专家，这样看每个人都可能成为你的“贵人”。

成功学经常引用的一句话是“成功 =20%的知识 +80%的人脉”，在好莱坞也流行着一句话：“一个人能否成功，不在于你知道什么（what you know），而是在于你认识谁（whom you know）。”虽然这些话有些绝对，但是，如果你没有知识、没有价值，谁会做你的“人脉”？所以笔者一直强调知识是建立人脉的基础，缺乏了强大的知识基础，人脉将无从建立。前面两句话在很大程度上印证了保存“人”的重要性。进一步说，作为知识工作者，在建立人际关系时一定要避免过于“功利化”的追求：我们需要跟比自己优秀的人交往，但从知识角度来说每个人都能给我们启发和帮助，都是有价值的。

作为社会人，无论你是一个学生还是一个企业老总，每天都会接触许多人、结识许多人。那你是否能够做到“结识新朋友，不忘老朋友”呢？

假如一个见面三四次的朋友仍然不知道你在做什么，甚至叫不出你的名字，你会是什么感受？

假如有人在 MSN 或者 QQ 上无数次地问你同一个问题（例如你是做什么业务的?），你会是什么感受？你们的沟通还能持续下去吗？

假如一个交流过一两次的朋友突然在你过生日那天给你打一个电话，你会是什么感受？

可能你手上有 1 000 张甚至 10 000 张名片，但这些人里面有多少是一面之缘然后永远没有再见过，有多少是交流过多次但你仍然搞不清楚对方是做什么的，有多少是你可以分享知识和心得的朋友？

如何保存“人”

我认识的一位咨询和培训顾问的案例：保存“人”，保存人的什么？

基本情况：姓名、服务机构、部门、职位、电话（固定、移动）、传真、网址、博客地址、即时通讯工具（MSN、QQ、Skype、飞信、Gtalk 等）。

背景情况：在沟通中获得的背景信息，例如老家是哪里的，什么学校毕业，什么专业，有什么爱好，配偶是做什么的，是否有小孩，小孩情况，父母情况等。

联系过程：你们讨论的事情、他正在做或者准备做的项目、他最近的心情、说过什么、想过什么、写过什么、讨论过什么。

如果你能够保存这些信息，那么你跟这个人交流和沟通的效率会明显提高，你们建立关系的可能性会大大提高。而且，保存这些信息并不难，因为你们每一次的见面都会沟通、交流、分享，哪怕是通过喝酒也可以发现一个人的特点、价值观，只需要你用心去做，同时及时的整理、归纳也很重要，否则时间一久就会忘掉。

保存“人”的工具

保存“人”的工具有微软 Outlook 的联系人管理、社会网络服务性网站等。你可以通过微软提供的 Outlook 联系人管理对人的基本资料进行有效的管理，除基本资料外还可以包括你们之间交往的“活动”管理，以此来整理你们交往过程中获得的信息；通过 SNS 网站（比如 Facebook、人人网、开心网等）可以让你了解朋友最近在想什么（比如微博客）、看到用户在讨论什么（比如群组或者论坛）、看到他比较系统的观点（比如日志或者博客），与朋友加深了解和友谊，从而保证“知道谁知道”！

表 6　笔者推荐的部分工具 2

工具名称	解决问题
微软 Outlook 的联系人管理	对于你的联系人和联系过程的管理，方便你“知道谁知道”，帮助你拓展和维护自己的人际网络
SNS 网站	了解朋友的动态：所思、所想。目前提供该种服务的网站很多，建议选用主流的网站（例如 Facebook、人人网、开心网等）和专业网站（例如你专业领域内的 SNS 网站）

第六节 常用的知识保存工具

Google 桌面搜索

(1) 介绍

Google 桌面搜索是 Google 公司发布的一款个人桌面搜索应用程序，能够对电脑中的电子邮件、文件、音乐、照片、聊天记录、Gmail、浏览过的网页等进行全文搜索，支持 Windows、Mac、Linux 等操作系统。Google 桌面搜索通过对本地计算机进行搜索，从而可以协助个人方便、快捷地找到所需信息。从理论上说，如果搜索功能足够好，将来人们可以不用再手动整理自己计算机中的各类文件。但现实情况是，对个人文件进行有效的分类、命名仍然是提高搜索精准度的基础，也能促进个人的学习。通过 Google 桌面搜索，搜索结果会显示出与搜索内容最相关的页面，并且每个搜索结果里都会包含文件名和简短的文件摘要，并突出显示搜索关键词。您可以使用该页顶部的链接，针对特定的项目类型对结果进行过滤。

Google 桌面搜索与 Windows 自带的搜索相比，功能更加强大，结果更加详细、清楚，搜索范围更广，搜索速度有质的提升，但对计算机内存的占用反而小很多。随着 Google 桌面搜索的版本升级和功能的推陈出新，现在的 Google 桌面搜索不仅能帮助你搜索自己的计算机，而且还提供了不少小工具和补充工具栏帮助个人从互联网上收集新信息。

(2) 使用指南

第一步：下载并安装。

登录 http://desktop.google.com 页面，下载安装 Google 桌面搜索软件，只需要点击安装就可以，比较简单。安装完成后，Google 桌面搜索软件会自动启动，在任务栏的系统托盘里可以看到它的图标。

提示：该软件在安装完成后占用空间较小，但在安装时要求所安装分区要有 1GB 以上的剩余空间。

第二步：建立文件索引。

安装完成后，还无法立即进行搜索，Google 桌面搜索软件需要建立本地计算机的文件索引。索引建立要在电脑没有任何操作 30 秒后开始。建立整机文件索引所耗费时间根据你计算机的容量确定，但总体来看速度较快。在建立一次完整的本地文件索引后，新增文件会根据需要进行局部的索引编制，速度快到可以忽略不计，例如在你刚刚浏览某网页后、刚刚阅读某封电子邮件后，用该搜索就可以立即找到。

第三步：进行搜索。

用鼠标右键点击任务栏的图标，从弹出的菜单中选择“Search”选项，立刻就会弹出一个跟 Google 网页搜索类似的页面，点击“搜索桌面”则对你的电脑进行搜索，点击“搜索所有网站”则对整个互联网进行搜索。

Google 桌面搜索常见问题

Google 桌面搜索可以查找什么类型的文件?

Google 桌面搜索可以索引并搜索我们经常用到的大部分文件，包括微软 Office 里的 word、excel、powerpoint 和 Outlook 里的邮件，还可以搜索音频、视频、图片、压缩文件、聊天记录（QQ、MSN、Gtalk 等）。Google 桌面搜索还提供了不少插件，对于不能直接支持的文件格式，应用插件后即可以搜索。

Google 桌面搜索的搜索语法是怎么样的?

Google 桌面搜索的搜索语法和技巧与 Google 网页搜索类似，适用于我们第一章讲到的关于 Google 搜索的关键词技巧。例如要搜索后缀为 ppt 的文件，搜索关键词应写成“filetype: ppt”而非“*.ppt”。

Google 桌面搜索结果如何显示?

Google 桌面搜索结果页面显示了所有的搜索结果，将所有搜索到的内容用一个页面的形式显示，分为 4 大类：邮件、文件、聊天、历史记录，你可以点击任何一类进行查看，从而方便你快速查找到你需要的信息。具体搜索到的每条内容也很详细。同时你还可以点击“按照关联分类”或者“按照日期分类”来对搜索结果进行分类。如果搜索到的内容比较多，在搜索结果页面最下方也会像 Google 网页搜索那样显示共有多少页，当前所在页等，不会像 Windows 搜索结果那样给人感觉非常凌乱。

对于删除的文件，Google 桌面搜索能够找到吗?

在你每次查看文件及其他项目时，Google 桌面都会为它们建立缓存副本(快照)，并将这些缓存副本存储在你计算机的硬盘上。因此，你可以经常使用 Google 桌面搜索来查找无意中删除的项目，而不必重新创建这些项目。

Google 桌面搜索如何保证我的文件的安全性？

Google 桌面搜索提供了一个功能，通过防止网络欺诈和恶意软件网站保证搜索的安全性。它可以帮你自动判断你要查看的文件或者链接是否有恶意软件，如果有将给予提示。如果你不希望别人在你的计算机上进行 Google 桌面搜索，只要“锁定搜索”就可以做到：只需点击任务栏中的 Google 桌面图标，然后从菜单中选择“锁定搜索”即可。在此之后，任何人就不能再从 Google 桌面主页进行搜索了，如果他人在补充工具栏、桌面栏或浮动桌面栏查询框中输入搜索字词，就只能看到显示“桌面搜索已锁定”的消息（不过，可以进行其他类型的搜索，例如网络搜索或图片搜索）。要解锁桌面搜索，在 Google 桌面主页输入当前用户的 Windows 密码就可以打开。

Mybase

Mybase 是一款共享软件，主要用于资料管理，可管理的资料类型包括：各类文档、名片、事件、下载和收集的资料等，分为个人版和网络版。通过 Mybase 可以将资料分门别类地整理清楚，使你的计算机资料有条不紊，方便使用。

Mybase 具有以下特点和功能：

与 Windows 统一的界面风格：Mybase 快捷图标、窗口菜单、对话框都保持了与 Windows 相同和类似的风格，熟悉 Windows 使用的用户基本上不用学习就可以操作。

中英文语言支持：该软件目前提供了简体中文和英文两种语言模块，如果你需要切换语言，只需要选择“选项—语言”菜单命令，即可轻松切换。

个人资料组织管理功能：Mybase 生成“Mybase 资料夹”的文档，每个“资料夹”都是独立文件，以树形目录为索引，方便查找，其中的资料内容及其逻辑关系均可自定义，特别适合于管理一些需要分门别类进行存储的资料数据。

资料编辑功能： Mybase 为其资料夹中每个节点资料信息都提供了编辑功能。所有资料信息以 RichText 格式保存，可实现设定字体、大小、颜色、风格、居中、居左、居右等基本的编辑功能。而且 Mybase 具备文档直接打开运行的特性，并能自动监测文档是否已被修改。也就是说，你可以在 Mybase 中直接打开与应用程序相关联的附件文档，如果附件文档直接打开后被修改，Mybase 也将会更新资料夹中相应附件文档的内容。

搜索和查询功能： Mybase 提供了简单的搜索和查找功能，其提供模式字符为星号：*，例如：简历 * 陈，表示你需要查找资料夹中包含“简历”和“陈”的节点。但 Mybase 本身的查询功能比较弱，准确度尚待提升。

导入导出功能： 由于 Mybase 采用了树形目录结构来管理资料，所以可以将磁盘上的文件目录及其中的文件保持原有结构一同导入“Mybase 资料夹”中；反之，“Mybase 资料夹”中的内容可以保持其树形结构导出到磁盘上，以文件目录形式保存。

其他功能： Mybase 支持资料夹中节点的拖放、资料夹的分解和合并等功能。Mybase 可以生成独立运行的 exe 文件，这意味着它可以在没有安装浏览器或者 Mybase 本身的情况下运行，因此受到的约束较少。

你可以用“Mybase 下载”作为关键词去搜索引擎寻找 Mybase 软件，其主要功能、使用技巧可以参考它的帮助文件。也可以通过搜索引擎在互联网上进一步查询。

Total Commander

Total Commander，简称 TC，原名 Windows Commander，是一款功能强大的文件管理器，与 Windows 操作系统自带的文件管理器相比，TC 的功能要更强大、更方便人们的使用。TC 支持自定义菜单、工具栏、快捷键，它除了具有 Windows 拥有的对文件复制、移动、修改名称、删除和搜索功能外，还具有进行文件内容比较、同步文件夹、批量重命名文件、分割合并文件、创建 / 检查文件校验等实用功能。TC 里面还内置了常用格式的压缩 / 解压缩功能，ZIP 格式文件还支持创建加密及自解包功能。对于文件和内容的搜索功能，TC 都支持在压缩包中进行。

具体功能如下：

文件压缩：压缩文件是我们经常使用的功能之一，但由于压缩算法的不同，每个人的机器上都需要安装 WinZip、WinRAR 等多个压缩软件。TC 不但支持 Zip、RAR、ACE 等多种格式和各种压缩软件生成的自解压缩文件，而且具有普通压缩软件的所有功能：创建自解压缩包、分卷压缩包、一次解压多个压缩包等。TC 还支持直接对压缩包内文件改名，对压缩包内部搜索，甚至直接在两个压缩包间拷贝文件。

批量文件改名：TC 的批量文件改名功能是一个很有用的软件功能，如果你从互联网上下载了大量文件，如果单独修改名称很浪费时间，而用批量改名则可以快速实现你的目的。

文件分割功能：如果你要用邮件传送一个 500M 的文件给你的朋友，大部分的邮箱都很难做到。以往的文件分割工具往往需要目标机器上也安装有同样的软件。而 TC 则只需要在目标机器上用 DOS 命令“Copy”就可以把文件合并，即只要有 Windows 操作系统就可以合并文件。同时 TC 还会创建校验文件，用 Total Commander 合并后，校验文件用来检验合并后的文件是否和原文件相同。

搜索功能：TC 提供了强大的文件搜索功能，除了可以指定查找文件的大小、日期和属性，TC 还支持在压缩包中搜索多个文本文件中指定的文字，甚至可以直接搜索压缩包中文本文件的内容！

与 Windows 自带的资源管理器相比，TC 具有以下优势：

第一，当你在资源管理器中移动或删除文件，如果遇到某个文件不能移动或删除将导致整个操作失败。在 TC 中则允许“跳过”这些文件而不影响后面的操作。

第二，在复制或移动之前，TC 会预先自动检测目标磁盘的大小，不会像资源管理器那样到空间不够的时候才报错。

第三，用资源管理器从光盘上复制文件时会将文件中只读属性继承，当你想在硬盘上修改的时候还得去掉只读，而利用 Total Commander 会自动把“只读”属性改为“存档”属性。

第四，独特功能：将当前文件夹所有子目录中的文件放在一起显示；在主窗口中直接显示所有文件夹的大小。

TC除了支持详细资料、列表、缩略图等资源管理器常见的显示方式外，还可以利用内容插件，支持各式各样的自定义列视图，显示不同文件的内部信息，满足您查看不同文件的需求。通过TC的多标签界面，可以让原来的两个窗口扩展到数十个，操作空间更显自由。

如果准备使用TC，可以到其官方网站www.ghisler.com上下载，上面也提供了软件的中文语言版本。国内相关软件下载站也提供下载，如果需要更多的操作技巧性内容，可以用搜索引擎去寻找。

百度搜藏

（1）功能介绍

“百度搜藏”是由中文搜索领域知名网站百度提供的免费的网络收藏夹。它可以帮你高效地收藏、整理网络资源，无论到哪里，你都可以随时随地浏览、搜索和使用。

域名是：http://cang.baidu.com

百度搜藏特点：

全文收藏：不仅能收藏网址，更能自动收藏全文。

快速查找：在收藏的海量信息中，可以快速、准确地找到所需资料。

网页快照：不必担心网页链接失效，你可以通过“快照”快速浏览页面内容。

轻松便捷：只需连接互联网，就能随时随地收藏和使用。

分享资源：和朋友分享自己喜欢的网址，或享用他人的收藏。

与Windows操作系统中的“收藏夹”相比较，百度搜藏具有以下优势：

第一，操作系统中的“收藏夹”只能保存网页链接，而百度搜藏能同时保存收藏网页的全文。即使搜藏的网页在互联网上已不存在，你也能随时通过百度搜藏的搜藏快照功能查看到它。

第二，操作系统中的“收藏夹”只能依靠目录和标题来查找保存过的网页；而百度搜藏提供方便的描述、分类和全文检索。你可以非常方便地找到需要的网页。

第三，操作系统中的“收藏夹”内容只能记录在本地电脑上，而百度搜藏会将你的内容保存在网络上，无论自己在哪里上网均能随时调用。

第四，操作系统中的“收藏夹”通常只限于你自己使用，而百度搜藏能让你方便地把自己的搜藏共享给朋友和他人。

(2) 使用技巧

可以有多种方式把搜索或者浏览中发现的好资料收藏起来。

方式一：在百度搜藏中直接添加网址。在百度搜藏中，点击页面左上角按钮“添加新搜藏”，即可收藏你输入的网址。

方式二：通过鼠标右键菜单快速收藏。为你的鼠标右键菜单添加搜藏快捷键，在浏览任意网页时，可以通过鼠标右键即看即藏。

方式三：通过浏览器快捷链接进行收藏。即用鼠标右键单击一下任意一个链接，在右键菜单中选择“添加到收藏夹”，当浏览网页时，你可以通过点击浏览器收藏夹中的该链接，智能收藏当前浏览的页面到百度搜藏。

方式四：从 IE 收藏夹中批量导入搜藏。在百度搜藏页面右上角，点击搜藏设置，选择“导入搜藏”可以将保存在本地电脑 IE 或其他浏览器收藏夹中的网址批量导入到百度搜藏。

Google Notebook

(1) 功能介绍

Google Notebook（Google 笔记本）是由 Google 公司提供的一个服务性软件，可以让使用者方便地储存与整理从网络上收集的资料，记录在网络阅读中产生的想法和观点，并且提供共享功能，让使用者将自己的笔记公开给其他人浏览。

主要功能如下：

第一，记录自己在阅读和查看网页时的想法和观点，并可以连同网页一起保存；

第二，剪辑有用的信息：你可以把从网上摘录的文本剪辑、图片、链接等添加到你的 Google Notebook，而不必离开你的窗口浏览器；

第三，随时重组你的笔记：你可以创建多样的笔记，把它们分割成段，或是通过拖放来重组你的笔记；

第四，公开你的笔记：你可以通过公开你的笔记与世界上的其他人分享，通过共享建立你的社交网络。

Google Notebook 的使用简单，在你想到一句话、一个念头时，在你看到有价值的句子、数据或者一个图片时，你都可以直接写到 Google Notebook 或者通过单击右键加入 Google Notebook，相应内容就会自动保存了。如果是引用的话，在笔记本里面会保存你选中的内容和内容的出处，这对于知识工作者在互联网上的学习很有价值。你也可以对自己所做的笔记分配标签，方便日后查找。这样就不必再打开 word 或者记事本，采用复制 + 粘贴的方式来记录自己在浏览网站时的所思所想和发现的内容，从而显著提高工作效率。

如果你们是一个团队，那么通过 Google Notebook 则可以随时随地共享自己的想法和心得，促进交流以及合作的效率提升。

Goole Notebook 支持 FireFox 和 IE 浏览器。

(2) 使用技巧

安装：

登录 http://www.google.com/notebook，以 Google 的账户登录。下载相应软件并安装，安装过程很简单。

资料的收集与保存：

安装完成后 Google Notebook 会在浏览器右下角形成一个类似于笔记本的小图标，此时即可使用了。

Google Notebook 使用相当简单，当你想记录自己的想法时或遇到觉得有价值的网页内容时，单击浏览器右下角的 Google Notebook 图标，在弹出的窗口中再单击‘Add note”按钮，新建一个记事本就可以了。你可以将自己的想法和心得写到记事本然后保存，也可以将网页内容复制到此记事本，或者将内容反蓝后直接拖进去，最后单击右上角的“Save”，即可看到保存的内容。单击记事本中的条目链接，会打开相应的文字源出处网页作全篇浏览。

常规功能。从使用来看，Google Notebook 提供了方便贴心的记笔记、文件存储与查找功能。对于浏览中的想法和心得、看到的重要信息，均可即时保存到属于自己的一个页面中，并可以随时查询。

Outlook联系人管理

Office Outlook是Microsoft office套装软件的组件之一，Outlook拥有很多的功能，比如可以用它来收发电子邮件、管理联系人信息、记日记、安排日程、分配工作任务等。“联系人管理”是Outlook的重要模块之一，它可以将某个联系人所有的相关信息都集中在一起，例如姓名、电话号码、联系地址、电子邮件、生日、纪念日等。同时，不仅可以把这些联系人的相关信息进行动态管理、分类存放和快速查找，还可以方便地发送电子邮件、群发邮件、拨打电话、收发传真、发送短信等，能够非常方便地跟踪重点客户，维护客户关系，使我们在人脉管理时做到游刃有余。

实用技巧：

第一，姓名前加拼音缩写。

通常情况下，我们按照Outlook默认的方式将姓和名输入。但如果自己的联系人很多，你就会发现在使用中有许多不便。这时你可以进行一点简单的变通，比如在每个姓名前添加上拼音缩写的方式进行设置，这将会为你在将来使用搜索时带来极大方便。在需要查找该联系人时，只需输入姓名的拼音缩写就可以找到。如果你将联系人信息同步到你的智能手机，也会方便你的使用。例如“姚明”，你可以保存为“ym姚明”，这样在搜索时只需要输入“ym”即可快速定位该人。

第二，填写详细信息里面的“昵称”。

在Outlook联系人管理“详细信息”下有一“昵称”框，最好是养成在新建联系人时填写该字段的习惯。如果你在日常工作和学习中习惯称呼对方为“王老师”，就在“昵称”中写入“王老师”，如果是称呼“王总”就写入“王总”。

在昵称填写完成后，当遇到需要批量发送邮件时（例如节日祝福、项目成员之间沟通等），你可以采取邮件合并的方式提高效率，同时以昵称为邮件的称呼，这样虽然是群发，但不同的人看到的是对其个性化的称呼，利于建立良好的印象。

第三，在“活动”里面按顺序记录联系过程。

因为朋友之间的关系需要维护，所以你必须经常与你的朋友保持联系：打电话、发送邮件、面对面的沟通、项目的合作等。每次联系完毕后你都会了解对方更多的信息：个性、习惯、生活、工作等，如果能够将这些信息通过 Outlook 的“活动”页面记录下来，那么你每次与朋友交流、沟通的效率就会更高，效果更好。

知识存储介质选择

你的知识应该存储到哪里才能保证既方便使用又不会发生丢失、损坏的现象呢？即你个人知识的安全性问题。

首先，存储知识的介质要方便自己的使用，不能在使用时找不到，这就需要我们尽量保存电子文件，因为电子文件更便于索引和检索。对于没有电子文件的内容，可以通过扫描、录入的方式进行保存。这里面涉及的工具包括扫描仪、名片阅读器等硬件产品。需要用到的保存工具包括电脑硬盘、U 盘、移动硬盘等。同时，互联网上也提供了众多免费的网络存储空间，比如 Google 提供的无限量的邮箱、QQ 提供的在线硬盘等。

其次，存储知识需要注意存储内容的安全性。如果你是一个写论文的学生，辛辛苦苦写到半途，却发现硬盘坏了，这时候结果很可能是欲哭无泪。从个人角度说，我们很难用复杂的硬件方式来保障自己所存内容的安全性，但是我们可以同时利用多个工具以分散风险。比如除了把你写的论文保存在电脑的硬盘上，也同时在你的电子信箱和 U 盘中各保存一份，这样就会极大地提高知识内容的安全性。

第四章

共享知识

“让别人知道你知道”，建立你的个人品牌，让别人更愿意跟你合作——传递和共享自己的知识是最简单的方法，通过知识共享，可以促进人们对你的了解和信任，为个人发展开拓新的天地。

在学术界，共享知识是一项不得不做的工作：你要带学生、要写论文、要出版书籍，这些都是知识共享的典型例子。而在实务界，表面上似乎对于知识共享的要求要低许多，但是这并不意味着我们不需要共享知识，其实只有通过知识共享才能更好地发现自己在知识学习和掌握上的不足，通过知识共享可以帮助自己找到更有价值的朋友和合作伙伴，从而协助你打造个人品牌。对于知识工作者来说，谁能主动共享知识，谁就能把握住竞争中的先机！现在有众多的组织已经开始实施知识管理，其中最重要的要求之一就是共享知识，因为只有共享知识，组织才有竞争力。

一提起共享知识，大部分人的第一反应可能是：我的知识是我的竞争力，我费了九牛二虎之力学来的，为什么要共享给别人？为什么要让别人知道？如果我共享了是不是老板就会卸磨杀驴把我开掉？

这是一个很普遍的疑问！

事实果真是这样吗？请问你是否静下心来反思过自己：我的竞争力是什么？是我现在掌握的这些知识吗？请回忆一下你现在工作中用到的知识，是你最近几年学习和掌握的，还是三年前、五年前就有的呢？一个真正有竞争力的知识工作者，其竞争力不仅仅来自于他当前的知识存量，更多的来自于他在现有知识结构基础上不断学习、创造和利用知识的能力。

在动物世界中，很多动物之间是竞争关系，谁的力气大、跑得快，谁就能获取更多的食物。而我们人类之所以成为人类，就是因为我们是社会人。从呱呱落地开始，就意味着我们进入了社会合作的大家庭，而在踏上工作岗位以后会表现得更明显。但别人为什么要跟我合作？为什么愿意跟我合作？其实你想找一个单位上班就是为了找到可以跟你合作的人，你开设一个公司需要更多的公司和个人跟你合作，跟你合作的公司是你的商业伙伴，跟你合作的个人就是你的员工。

每个人都羡慕那些朋友很多的人，但是人们为什么愿意跟你成为朋友？你凭什么吸引更多的人愿意跟你交往？

通过本章，你会明白知识工作者为什么需要积极主动地去共享知识，共享知识的好处、方法和步骤，以及在知识共享中用到的工具。

第一节 为什么共享知识

不在于你认识什么人，而在于什么人认识你；不在于什么人影响了你，而在于你影响了什么人。

——互联网上一句发人深思的话

你是不是经常有或者听人发出这样的感叹：

在学校，那个不学无术只会跟学校老师套近乎、拉关系的同学混得要比你好许多；选拔干部、评优、推荐研究生都有他，这些好事却总是与你这个有思想、有能力的好青年无缘；在单位，自己水平并不差，甚至比那个人还高，在你看来那个小子除了拍马屁、吹牛皮之外什么都不会，但最后他却成了你的直接领导…… 这样的例子太多了，不胜枚举！

从人性的角度说，人们总是习惯于觉得自己比自己真实的能力和水平更好、更高，而在感觉别人的水平和能力时我们往往会给对方打一个折扣，这固然是人之常情，本无可非议。但从个人发展的角度来说，一个人的这种感觉不要过度，否则你一辈子可能都是活在“不得志”的感觉中，一辈子都是“郁闷的一生”而非幸福的一生。

为什么你觉得不得志

西方文化曾有这样的谚语：“我宁愿让人们怀疑我心怀叵测，也不能说话暴露我的愚蠢！”这里强调了“隐”的重要性。而中国的传统文化更是把“隐”的境界发挥到了淋漓尽致：大音希声，大象无形，高手在隐！在武侠小说中也总是发现：真正的高手总是在人迹罕至的地方，大漠、山间、深洞，跳出三界外不在五行中，一般很少参与江湖纷争，直到非需要他出来挽救武林的时候。我们的文化还告诉我们要谨言慎行，祸从口出，出头的椽子先烂，所以我们都信奉沉默是金，信奉高高挂起。在我们的教育中，告诉我们要刻苦学习，死记硬背，然后考更高的分，上更好的大学。但悲哀的是，很多大学生毕业后，连表达自己思想的能力都缺乏，其实不论你的想法对与错，起码你要能够表达出来让人明白！

在学校也好，在单位也罢，总有那么多觉得自己不得志的“怨妇”。笔者承认，在当前的社会环境下，的确有许多是因为体制、文化、管理者素质和能力方面等因素造成领导任人唯亲、唯权、唯钱。但我们也要看到这种状况正在改变，即使是一个不称职的领导，他也需要能帮助他做事情并能带来业绩、政绩和成绩的人，况且大部分领导是具有一定辨别力的！

反思自己不得志的原因，除了外部环境，你有没有考虑过自己本身的原因呢？你有没有想过：你的水平高低不是你说了算，而必须是别人的判断。要让别人说你是一个“牛人”，那么对方怎么判断呢？你有没有主动让人去了解你，了解你的能力、水平、性格和价值观？好酒也怕巷子深，是不是好产品需要让市场来评判，你是不是有水平和能力的人要让你的同事、朋友、领导和合作伙伴来评判。他们的评判需要依据，请你不要奢望这些同事、朋友、领导和合作伙伴会有耐心和时间来“发掘你”，现代社会生活节奏加快，很少有人会有时间和精力通过研究你、分析你，然后才发掘出你是一个人才——你必须主动地将你具有优势的、擅长的东西展示出来让别人知道！

其实，人不得志的大部分原因是“你认为自己不错”而不是别人认为你不错，尤其是因为你没有主动去做知识共享的工作。

让别人知道你知道

在当前的国内环境下，主动展示自己的能力和优势显得更加重要。众所周知，我们的市场经济体制建立的过程很短、国家资源缺乏而人口数量众多，整个国家从温饱问题上走出来也不过三十多年，尚没有全面建立完善的资源分配机制和社会保障机制。因为我们现在几乎所有的资源都是竞争性的：工作岗位、薪水、职位、医疗保护等，如果你不主动争取别人就会得到，“会哭的孩子有奶吃”，在中国当前的环境下许多东西都需要“抢”。如果你生在欧洲、澳洲，即使你不去上班，高水平的福利制度就能保证你过不错的生活；如果你生活在完全的计划经济体制下，你也不需要去争：社会有其既定的规则，每个人该得到什么都很明确，但你是生活在现代的中国，从客观上说你需要去争取更多的资源。

但我们如何去争取呢？作为知识工作者，你的核心竞争力是知识和学习、利用、创造知识的能力，你不可能靠体力、金钱和权势去跟人竞争，你只能靠你的知识力。而你的知识力只有在被大家和社会认可后才能发挥作用，所以你需要让别人知道你知道，你需要主动去做知识共享的工作。

知识工作者不能做“隐士”，你不能“我觉得我怎么样”，而应该让别人觉得你怎么样。你应该通过共享知识形成别人对你的认识、控制别人对你的感觉，而不是一副高高在上、牛气十足的面孔，这样的人将十分可憎而非可爱。

有不少人总在跟别人解释自己有多牛、水平有多高，但这不能代替大家的判断：你怎么证明你牛，你怎么用很舒服的方式让人觉得你牛。你不能强制告诉大家结果（你牛）并让大家接受，你需要拿出东西来证明，然后让大家作出自己的判断。美国总统候选人也不能强制人们选他，而需要他不断去展示自己的观点、自己的愿景，如果人们都认可他的观点和愿景，他就可以当总统，如果大家不认可或者认可的人少，那就会让别人当总统。

为什么要主动共享你的知识？其本质在于通过将自己的知识共享给别人、传播给更多的人，让别人作出对你的判断：你是否是值得合作的人、是否是公司不可或缺的人！

任何人都有区别于他人的优势，你怎么突出自己的优势、特点和能力，怎么让更多的人知道你、了解你、认识你、信任你，方法就是共享你的知识，通过知识影响别人。更深入地说，我们现在的大部分工作都需要与人协作才能完成，通常人们会选择什么样的协作对象呢？比如招聘新员工或者提升一个经理，可想而知一定会是自己了解的人、信任的人！所以每个知识工作者都应该去主动共享和传播自己的知识，愿意将自己的知识显性化，这一方面会促进自己的学习，另一方面也能为树立自己的个人品牌发挥作用。

第二节　共享知识的好处

我们首先来看笔者亲身经历的两个关于共享知识的真实故事。

故事一：共享带来合作

2006 年初春的一个晚上。

我刚刚打开电脑，联上网络，有一个人在 MSN 上要加我，我通过后对方就发过来一个“笑脸”，然后问：“你是田志刚先生吗?”

我说：“是”。

对方很兴奋地说：“终于找到你了，我都‘研究’你好几个星期了!”

研究我？我心里不禁发毛：难道是遇到绑票的了？当然是玩笑，后来经过深入交流我才知道，他是上海一家知识管理软件的公司副总，在互联网上看到我关于知识管理的一些文章觉得跟他们理念比较一致，而且看到我们运营的网站，想跟我们合作。据他说，他花了三四个星期的时间看我写过的文章，从而了解我的观点、理念和思想，所以我们在沟通的时候基本不存在什么障碍，后来也建立了良好的合作关系，直到今天他们公司仍然是笔者的一个优质客户。

点评：笔者在写文章的时候从来没有考虑过它能给自己带来什么项目，只是觉得有好的东西就要分享给别人。但从对方的角度来说，如果不是看到了笔者共享的文章并进而认可了文章的见解和观点，他也不会来找笔者（也不知道可以找笔者）探讨合作问题。平心而论，在知识管理领域一定有许多人比笔者了解、掌握的更多、水平更高的人存在，但因为这些人没有积极主动地去做知识共享的工作，所以人们在寻找合作对象的时候就很难找到他们，从而可能就会丧失许多机会!

人们更愿意与自己了解的人交流和合作，如果缺乏了解，那么就丧失了交流以及合作的机会。唐骏在《我的成功可以复制》中提到“在微软，大家都把比尔·盖茨当做神，平时极少有人敢跟他开玩笑。盖茨一般也会给人一种冷漠、高傲的印象。他从不爱客套、寒暄，如果你第一次和他见面，他可能根本不会理你，因为他觉得和陌生人谈什么都谈不深，那就根本不用浪费时间和你说话”。

不仅盖茨如此，其实每个人都希望跟自己了解的人交流。如果之前没有了解，交流、合作的机会就会很低。谁能主动地共享知识，让别人去了解自己，谁就占据了竞争的优势，在同样的条件下获得更多的机会。

故事二：共享协助找到工作

在 2008 年的时候，笔者的公司准备招聘一名应届的本科生做咨询助理。从收到的数百封简历中筛选出来三个感觉比较合适的人。但我们也拿不准具体要录用哪一个，对于新毕业的学生，其实我们并没有奢望他们的专业能力有多高，但我们需要找那些积极主动，能够思考问题从而成长比较快的人，这样的人培养起来也比较有成效。

但这三个人的各个方面都差不多，笔试、面谈的表现都不错，选择哪个很难确定。

最后我们选择了一个并非出身名校而且也不是在面试中表现最好的学生，因为在详细研究他们简历的时候看到了他提供的博客地址。通过看他的博客，我们对这个同学有了更深入的了解：他从大二起就开始写博客，一直写到大四，里面的许多观点在我们看来并不一定对，甚至还比较幼稚或者存在错误，但通过他的博客我们却发现他一直在思考和学习。他做完每一件事情都会反思和总结，学习能力很强（面试的时候都说自己学习能力强，但到底是否有很强的学习能力和欲望，通过谈话是很难看出来的），我们就认为这样的人是我们需要的，所以最后录取了他！

点评： 在招聘的时候，招聘方也存在着较大的风险，具体负责招聘的人心里也很忐忑和无助，因为这个时候应聘方掌握自己的信息会更多，在当前缺乏诚信的社会环境下仅凭简历和面试获得的信息很有限，令人真假难辨，招聘方往往感觉心里没底。如何让招聘方感觉有底？如何建立双方的信任关系？这个同学用博客的形式让人看到他多年的思考和成长过程，因为客观地说，多年积累的内容基本上不可能造假，他的博客为招聘方提供了一个全面判断的工具和依据。正因为该同学愿意共享他自己的见解和观点（即使可能不完全正确），所以他才得到了该职位。

下面笔者从四个方面来逐一分析一下知识共享的好处。

能共享出来才能真正掌握

共享知识需要将自己的想法说出来、写出来，能用语言和文字表达自己的思想是知识工作者必备的能力之一。如果缺乏这种能力，你会发现在学习和工作中寸步难行。在企业里，如果你有一个什么好的想法和建议时，老总常说的一句话就是“你给我写一个报告发过来吧”；在学校里，你的成果的最基本表现形式就是论文，并且还需要你答辩：用你的语言讲清楚你的想法和观点。所以如果在表达自己知识的能力方面存在问题的话，你应该有意识地去锻炼自己。

在现实中，很多时候我们以为自己知道，但是当我们用语言说出来或者写出来的时候，你却会发现自己很难说得系统、完整，很难让别人明白。造成这种状况的主要原因是你对该知识点的掌握并没有达到你所认为的那样成熟，这时候你应该再去深入学习、研究这个知识点，经过更多的实践和与人交流，更广泛的阅读、讨论，才能慢慢地成熟起来。

因此，你不能满足于认为自己知道，你必须有意识地去做这些显性化的工作，必须有意识地让别人能明白你知道的道理。如果你养成了这个习惯，它会促进你更深入地探究问题的本源，提升自己对知识的掌握程度。如果养成了有意识地显性化你的知识的习惯，你就会发现自己对问题的了解越来越深入，从而摆脱了许多一知半解的状态，提高了个人的知识竞争力!

“如果一件事情不能用通俗、简单的语言说出来或者写出来，证明你并没有全面地掌握或者掌握的深度不够”这句话，会帮助你在试图共享知识的过程中审视自己对知识的掌握情况，进而提升自己知识的水平。

从这个角度说，为了个人学习和成长得更快，为了能在某个知识领域中成为名列前茅者，你应该多说、多写。最简单的方法是，积极主动地利用各种机会去表达自己的观点，例如在学校或者公司开会的时候主动发言，在听讲座的时候主动提问。不要在每次参加集体活动的时候都找最不被人注意的地方，你要主动找机会去表达自己的观点和见解，并根据别人的反馈进行调整。如果实在不愿意或者不擅长说出来，那你就写出来：通过写文章、写博客、写论文、写书，你可以发现你的学习速度明显加快，对自己原来觉得理解和掌握的地方有了更深的体会，原来不清楚的地方更加明晰，从而做到日有所进！这样日积月累下来，你个人的成长会更快。

你可能会说“我口齿不清、文笔不好”，其实我们大部分知识工作者并不是诗人和作家，不必要求自己写得多么华丽和有技巧，只要能讲明白道理就很好！万科集团的董事长王石在四五十岁之前也很不擅长写东西，但自从他开了博客后就笔耕不辍，他的一个朋友说在山上的宿营地当大家都去玩的时候，他却一个人在帐篷里写。所以说文笔和口才都可以锻炼，而且这是你跟人沟通的基础。

结识高质量的朋友

“看一个人的身价，看他的对手；看一个人的底牌，看他的朋友。”

每个人都想结交高水平的朋友，只有高水平的朋友才能跟自己产生有价值的互动和交流，才能相互促进更快的成长。所以说如果你的水平低，当然不会有高水平的朋友愿意跟你交往。反之，如果你的水平高，就一定能结交到高水平的朋友吗？也不一定，如果你的水平和能力别人不知道，那对方如何产生成为你朋友的意愿呢？那么，如何让别人知道自己呢，就需要你主动去做知识共享的工作：通过适当的方法将自己的知识传递出去！

某所林业大学有一个教授，其主要研究兴趣和方向是我国云南、贵州地区的某种植物。由于该种植物的经济价值不大、分布范围也比较小，所以该教授虽然研究水平很高，但在国内很难申请到研究项目和经费，甚至后来连招研究生都有困难。她看到国外有不少与自己研究领域相关的会议，希望出国去跟人交流，但因为没有经费很难成行。至于发表学术文章，由于她的研究方向不是国内的热点问题，也挺困难。

在2002年年初的时候，她的一个朋友向她介绍说互联网上有一种工具叫blog（博客），使用起来很简单，可以发表自己要说的话和论文等内容。该教授就在国外的免费博客上申请了一个空间，以自己的研究方向为题，为自己的博客起名为“Research of China ××”。她花了两三个月的时间陆续将自己以前发表的论文发到了自己的博客上，还把许多有独创性的内容翻译成了英文。并且，在接下来的日子里她把自己在科研、教学中的设想和觉得有价值的研究方向等都发到了自己的博客上。一开始的时候也很少有人看，她就当博客是一个保存资料的地方。但半年以后，先是在国外的华人同行跟她联系、交流问题、探讨合作研究，后来许多同行业的老外也跟她沟通、交流。

在2004年，她被邀请到美国纽约州立大学的环境科学与林业科学学院作为期一年的合作研究。在合作研究的过程中她才明白，她是她们那个行业第一个在互联网上开博客的人，而且她不仅是发布了自己的论文，更重要的是她将自己思考、试验和研究的过程都共享了出来，同行业的人看了后都有启发。在这个过程中，她认识了全球的她这个领域的专家，人们看到了她的能力和水平，并且她乐于共享的态度让人们认识到她是一个可以合作共事的人。

这个案例给我们的启示是：积极主动地共享自己的知识，让别人知道你拥有的知识和能力，可以有效地增强你个人的吸引力，从而更容易结识高质量的朋友，当然也会带来后续的合作机会。

物以类聚、人以群分，虽然我们都认识到了人际关系对于个人发展的重要价值，但是还必须知道如何去拓展自己的人际关系圈，如何找到更高质量的朋友。交朋友的基础是双方能力和水平相近，但是如何让别人知道自己的能力水平呢？通过知识共享是最简便、快捷的方法。在国内这个方法就显得更加有价值，现在社会的评价机制还有许多不完善的地方，许多教授、高工有可能是绣花枕头，而许多没有高级职称、显赫地位的人却具有真才实学，但他们却没有办法被人们认识和知道，只能“独自哀伤”，而积极主动地去做知识共享的工作，则可以让你崭露头角，让你潜在的合作伙伴和朋友认识你。

如果你想拓展自己的朋友圈，如果你想找到真正有价值的朋友，主动地去做自己知识共享的工作是一条首要的捷径。

建立个人品牌的最简单方式

请闭上眼睛想一下，当你去超市买洗发水或者洗衣粉时，会做出什么选择。你是不是会自然地选择你最熟悉的品牌？如果一个你从来没听说过的牌子，价格便宜量又足，你会买吗？事实是大部分人不会选择没有品牌的洗发水或者洗衣粉。

为什么？

因为你不了解它，即使它可能质量更好。因为你不了解也就没有信任度，所以你就不会买。

这里有三个数据，1990 年，全国高校招生人数为 60.89 万人；2000 年，全国高校招生人数是 220 万人；2008 年全国高校招生人数是 599 万人。我们已经知道，现在的学历教育已经不再能给自己带来竞争力，有许多硕士、博士都在为失业或者找不到合适的工作发愁。从竞争的角度看，你的竞争对手起码是拥有大学本科以上学历的人，谁敢说自己学到的知识比他们更精更深呢？

超市里的洗发水，谁能说清楚哪个品牌的产品比另一个品牌的产品在功能上好多少呢？据业内专家介绍，超市中洗发水和洗衣粉这些洗涤用品在成分和效果上基本是一样的。在品质等各方面都差不多的情况下，人们比什么，那就是比品牌！其实我们普通人大部分都类似于这些洗发水和洗衣粉，人人都是洗衣粉！那么如何树立自己的品牌呢？你可以花钱做广告，你也可以请公关公司帮助你联系媒体来采访自己，从而提高媒体曝光度。但这种方式的弊端也是明显的，抛开需要花大把的“银子”导致成本很高不说，达到的效果也越来越让人怀疑：我知道你，但我不一定信任你；你有知名度，但不一定有美誉度，就如同某某姐姐一样。作为个体的知识工作者，你需要的不仅仅是让人知道，而且要让人信任，因此，通过共享知识无疑是一个快速建立个人品牌的好方法。

让社会知道你、了解你、认识你并且信任你，就是形成你的个人品牌的过程。当形成你的个人品牌后，在人们进行选择的时候，比如招聘员工、寻找合作伙伴、寻找专家等，就会找到你，因为资源在流动的时候一般都会流到对他们更了解和信任的人和地方。你不能骂人们没有“慧眼”，因为这就是现实社会的生存法则！所谓名人，就是认识他的人的数量大于他认识的人的数量，这个数量差越大，他的知名度就越大，品牌就越响亮，他得到的资源和机会就会越多。

希望让别人知道自己、了解自己、认识自己并信任自己，最简单的方式是自己主动去做知识共享的工作：将自己的见解和观点共享出来，传播出去，让更多的人看到并认可。相对于广告和个人的自吹自擂，知识共享更容易被人们接受，这是建立个人品牌的一条捷径。你的知识共享和传播以及被人们认可的范围越广，你的知名度就越大。如果你能很好地将自己的知识共享给面试你的那个人，那你很可能得到一份工作。如果你能很好地将自己的知识共享给同事、上司，那你就会得到同事的尊重、老板的认可和提升。因为关于上帝的学说被共享给了全球数亿人并被他们所认可，所以全球有数亿人是基督教徒，这本共享上帝学说的书叫《圣经》！

让企业“不是一个人在战斗”

组织之所以存在，其目的在于解决单凭个人无法解决的问题，希望能通过合作达到 1+1 大于 2 的效果，从而提高整个社会的效率和效益。但事实上，我们现在做的大部分工作都是知识密集性的工作，要达到 1+1 大于 2 的效果，就必须进行有效的知识共享和传播，可是许多公司并没有相应的知识共享实践，这样的结果是虽然表面上是一个机构，但还是每个人单打独斗，无法发挥合力的作用。

著名体育节目主持人黄健翔在他的激情解说中提到："点球！点球！点球！格罗索立功了，格罗索立功了！不要给澳大利亚人任何的机会——伟大的意大利的左后卫！他继承了意大利的光荣的传统。法切蒂、卡布里尼、马尔蒂尼在这一刻灵魂附体！格罗索一个人他代表了意大利足球悠久的历史和传统，在这一刻他不是一个人在战斗，他不是一个人！"在企业里的每个人，都应该获得他的岗位上知识的传承，在他之前一定有许多人做过类似的工作，在这些工作中他们积累了哪些经验和教训，这些经验和教训是否能够传递给现在做这个事情的人；在企业里的每个人，当他们遇到问题时，是否可以从整个企业范围内找到该问题的专家并向他们请教，充分利用别人的智慧。如果能做到以上的内容，证明这个人充分利用了该企业的知识和经验，"不是一个人在战斗"，可以用最佳的方式解决问题，可以避免犯前人犯过的错误。

但事实上，由于许多企业缺乏知识共享机制，即使是同一个部门的同事，对别人的知识自己也无法知道，所以别人犯过的错误重复犯，别人走过的弯路继续走，所谓的"创新"可能是许多同事已经做过的实践，重复发明创新，造成运营效率的低下和竞争优势的丧失。

所以说，员工之间的知识共享对于组织的发展极其重要，通过知识共享和传播，企业可以成为智慧型企业，政府可以为公众提供更好的服务，教育机构也可以提升自己培养人才的质量和效率。

第三节 共享知识的捷径

天天在共享

是不是只有发表演讲、写论文才是知识共享呢？当然不是，如果是这样，估计没几个人有空、有兴趣和有能力共享知识。知识共享包括的范围和内容要比论文、文章广得多。比如有人问你看一本书的感想，你告诉对方你的想法就是共享；你在做一个项目过程中对某一点产生了感触，写出来并发表在企业内部的IT系统中是一种共享；你在论坛里别人的帖子后面说了一下自己的想法，这也是共享；甚至在日常聊天中都充满了知识的共享，例如下面的对话：

A. 问："你用的那个××牌子的眼霜怎么样？"

答："我觉得还行，用上感觉挺舒服的，我原来眼睛周围的色斑有的都看不到了，比较适合油性皮肤！"

B. 问："你觉得××车自动挡的那款怎么样？"

答："不怎么样，我们那里这款车要维修的都堵住门了。主要是变速箱太差和安全性上有问题。"

这里并非说只有水平特别高的高手才能去做知识共享的工作，尺有所短，寸有所长，每个人在自己的领域都有自己的专长可以与人共享。如果你有养育小孩的知识，那么你可以共享给刚怀孕的女性，她也许非常需要，即使她目前不需要，至少她会觉得你是一个可以信赖的人！如果你有使用word的技巧，并写了一个文档拿出来共享，那么会有更多的人知道你是做电脑排版的高手。

笔者认为，共享知识其实很简单，你可以共享一句话、一个想法，你也可以共享你的一篇博客日志和参与一次面对面的讨论，再进一步的话，你可以写一篇文章或者在公司的会议上做一个简短的发言，想要再深入的话，你可以去写一本书专门共享你在某个领域的见解和观点。

现在互联网上Web2.0的系统和企业内部的信息管理系统为大家共享自己的知识提供了方便的手段，例如Twitter就是一句话的共享，wiki可以共享你对某一知识点的认识，blog则可以让你写长篇大论，论坛提供了大家互动交流和思维碰撞的空间。一开始的时候，你可能不会或者不擅长写长篇文章，但说一句话总会说的，将你的一句话写下来就是Twitter的一条信息，你写一篇文档或者一本书表达了你的观点和思想，与朋友讨论说出你自己的观点是贡献了基于你的背景、知识结构的判断，这些知识共享是人人都可以参与的。

所以说，不要将共享知识想象成很"严肃"的事情，其实你在日常工作和学习中已经在做共享知识的工作，只要你再主动一点你就会做得更好。

那么，在知识共享的过程中，应该注意哪些方面呢？

知识的“客户”是谁

某年暑假的“科技三下乡”活动中，某农业大学的一些教授到农村去送科学技术。其中教养猪的王教授最受人们欢迎，因为他去的那个村是养猪专业村。当乡亲们听说王教授是研究猪的专家的时候都围上来提问题：猪怎么增肥，如何避免猪瘟，推荐什么样的饲料等，王教授都给予了简单明了的回答。其中村里有一家是养母猪的，别人围着王教授他进不去，最后才轮到他提问:“我们家有几头母猪不发情，这该怎么办呢？要是找不到方法就只能卖掉了！”

对于养母猪的农民来说，如何让母猪能有最高的产出是他最关注的问题。很不幸的是王教授对于母猪的繁殖实在是没有经验，于是想了半天说道“我记得引起母猪不发情的原因有二十多个，具体你们家的是哪个可能要去看了猪才能知道。主要的原因是1、2、3……”

没等王教授说完那个养母猪的老乡就走了，搞得王教授一脸尴尬。

王教授的错误在于他没有分清楚他知识共享的对象是谁。他所说的引起母猪不发情的各种原因都没有错，但这个农民其实需要的是一个真正能解决问题的方法，最好是简单到“你买几片什么药给猪吃了”这样的话。因此，在做知识共享的时候，一定要记着你想把知识共享给谁，即共享知识的“客户”是谁，他们习惯于什么样的方式，然后以他们能懂和能接受的方式去展现给他们，这样你的共享才能真正有效果。

如果你的老总让你给他提供一些个人知识管理的资料，他要考虑是否有必要在公司员工中组织类似的培训，你给了他一篇洋洋洒洒15 000字的文章，那么大部分老总可能连看也不会看。作为企业的经营者，他的时间要比你紧张得多，你最好能够用最多两页纸的内容说明白什么是个人知识管理，为什么要做、做了有什么好处，不做有什么坏处，这样的内容他可能会看一看，否则像上面一样只能会被扔到垃圾筐中。

在做知识共享的时候，你还要考虑共享对象的需求和习惯，对方更习惯于何种共享方式。如果你想将自己的一些知识共享给研究所的人，那就要将原理讲清楚，让他们自己去作判断；如果你想共享给对内容不太熟悉的人，那就要考虑尽量不用或者少用专业的术语，而用最平实的语言，最好能用比喻和生活中的例子等来让他们明白你的意思；你如果想将你的知识共享给某个年纪比较大的领导干部，就一定要考虑他很可能视力不太好，需要打印的文档字号要更大一点，而且一定要根据公文写作的习惯用大标题、中标题和小标题的方式让他能够更快速地了解清楚。

不管面对什么样的共享对象，有一个共同的原则，那就是在知识共享中不要故意炫耀和卖弄自己的知识，要尽量用平实、通俗的语言去传递你的知识，尤其不要满口或者满篇都夹杂着外语和专业术语，从知识管理的角度看，这是一种对于知识掌握不够深入的表现，同时也会引起大部分人的反感。

知识共享的范围

如果你只写给或者说给一个人听，那是你自己的日记或者你在谈恋爱；如果你共享给几十个人，那是你的同事和朋友；如果你共享给成百上千个人，那是传递给你的行业或者领域；如果你共享给成千上万的人，那是在向社会传播！

在进行知识共享的时候，你需要考虑共享的范围：把知识共享给谁？如果你想共享给你的同学、朋友和同事，你只需要在平时与他们多沟通，在开会或者讨论的时候多发言，在你的公司 IT 系统中多总结自己的想法和观点，在有人需要帮助的时候主动去帮助别人，你所在的机构有知识管理方面的需求时能够主动参与就可以。如果你想共享给社会，相对来说就要复杂得多，你要搞清楚目标对象是谁（许多时候你不知道谁会感兴趣），他们关注的问题是什么，如何能够传递给他们，通过什么渠道能让他们看到或听到，以及人家为什么愿意看你和听你的分享。现在信息和知识过多，而人们的注意力相对稀缺，所以在外部的知识共享比你在企业内部和同事朋友之间共享的难度要大很多。

从个人发展的角度而言，笔者建议：知识共享的范围在不同的阶段要有不同的侧重点。对于一个新人来说，即使想共享但可以共享的内容并不多，对一个行业和领域，没有三五年以上的积累是很难有比较深刻的认识和体会的。对于毕业五年以内的人，建议知识共享的范围以你所在的机构和同事、同学朋友之间为主，这个阶段的知识共享主要以提高自己知识学习的效率、让别人了解你的个性和能力、展示你的潜力和学习精神为主；对于毕业五年以上的人，很可能已经在单位担任了一定的职务，在行业内也积累了不少经验和体会，这时候除了可以在你所在的机构内共享外，还可以将知识共享的范围拓展到你所在的行业和领域。例如，如果你是做软件开发的工程师，那么你可以将你在软件开发领域的经验和体会共享在软件开发领域的专业社区，可以写有关自己软件开发的博客，可以向相关软件开发领域的杂志投稿发表自己的观点等；对于毕业十年、十五年以上的人，你的知识共享的范围可以扩展到整个社会，这时候从知识上说你应该已经掌握了所在领域的大部分基础知识，并有了多年的实践经验，你可以从更高的层次共享你的知识、经验、见解和判断，这时候也是你的个人品牌形成的关键阶段，应该多参与行业内的研讨会、论坛等，争取多发言以展示自己的观点。

当然，知识共享的范围并不是固定不变的，你要根据自己所服务机构的情况、单位所做的业务情况以及你个人发展的方向和目标去确定。如果你是一个公务人员，那么可能平时谨言慎行，关键时刻让上级看到你的能力就可以了；如果你是做咨询工作或者是自己在创业，这些类型的工作都需要让更多的人了解你、信任你进而认可你，那你就应该多向行业和社会共享自己的知识，甚至你需要每个月都要写一篇行业的文章，每周都要跟你的目标客户进行面对面的沟通和分享。

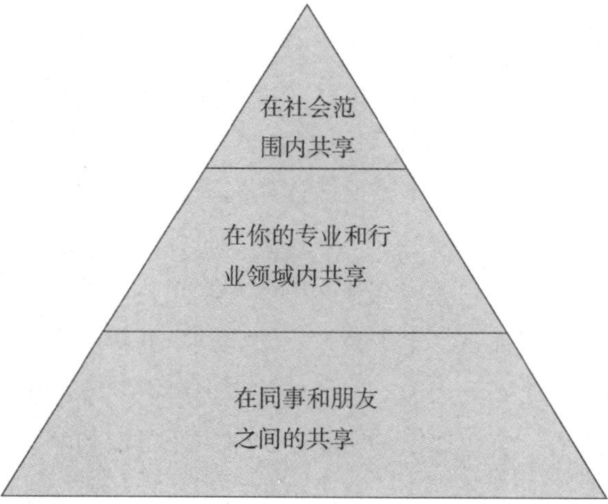

图 7　知识共享的三个范围

当然，以上只是一个粗略的说法。笔者认为，即使你主要处在同事和朋友之间共享的阶段，通过个人博客或者其他形式记录下自己的想法也是十分必要的，因为通过写博客等形式可以促进你个人知识的学习，也能够让外部的人了解你，从而对你个人的发展有利。

需要强调的是，在所有的共享中，你在单位内部做的知识共享是你个人发展的基础。如果你从不在企业内部共享你的知识，而却整天热衷于去影响不相干的人，那就有点本末倒置了——因为对于大部分人而言，你所在的单位才是你发展的本源，这里给你提供薪水让你养家糊口，这里给你提供了学习和实践的平台，你只有在这里才能够得到更多的尊重和重视。现在有这样一些人，在自己服务的单位里从来不帮助别人、从来不分享自己的知识，不能与公司同事搞好关系，却热衷于在互联网上包装自己，成为组织外的“明星员工”。这样的员工没有人会喜欢，即使你想找新工作，人们考虑最多的是你在现在的单位表现得怎么样。你的知识共享应该是一个多赢的过程，通过知识共享让你服务的机构、你本人和共享对象都能得利。

此外，知识共享的内容不应该涉及你所在的单位和企业的商业秘密以及不愿意公开的内容，要注意在做知识共享的时候千万别有“爆料”的想法，否则你的知识共享会引起意想不到的麻烦。而且如果涉及具体的业务内容，你需要进行抽象和提炼后再发布。

第四节　共享知识的渠道

笔者在 2002 年左右结识一位女士，从 2002 年开始，每到周末的时候她都会给她认识的朋友发送一篇《××祝你周末愉快》的邮件，坚持至今已经有 8 年的时间，邮件内容是她自己写的或者采集到的有价值的知识。笔者认为她的这种方式很有意思，就对她进行了一次采访。她说，她这个邮件现在已经有了九百多个订户，而通过邮件跟她沟通的有二三百个，这么多年来她认识的朋友基本都保持住了，而且她几次成功换工作和许多业务的开展都是通过她这些朋友实现的。

这个案例正好印证了笔者前面提到的理念，人们不会拒绝共享知识，而且人们对朋友没有像对广告那样的戒心，她正是通过这个邮件工具维系了自己的朋友关系，而且事实上也促进了自己的工作。

当你愿意共享自己的知识，并着手将自己掌握的知识说出来、写出来的时候，你就会遇到一个问题，我应该把说出来、写出来的东西放到哪里？这是知识共享的工具问题。我共享的知识谁会看呢，我如何能让他们能看到？我如何传递给他们？这就是知识共享的渠道问题。

利用单位提供的机会

一般来说，如果你对某个领域有很深的研究和体会，你可以用纸和笔写出来，然后送给需要的人。如果需要的人很多，你就需要先复印，然后再分发，这是存在很久的共享方式，其实现在也在被广泛采用着。当前大部分单位内部都建设有各种各样的信息系统，即使没有信息系统这样的配备，至少也拥有了电子邮件系统，通过电子邮件的抄送和分发，你的知识传递会很方便。所以，占个人知识共享的工具和渠道第一位的是你所在单位的 IT 信息平台，像协同办公系统、业务管理系统都是你进行知识共享的好工具，如果你觉得你写了一篇有价值的东西而且某些人会用到，你也可以用 QQ 或者 MSN 通知他们；如果你觉得自己对工作中的某方面很有体会了，你也可以在同事、同学开会或聚会的时候主动讲出来，这都是你知识共享的渠道。如果你有心，就会发现这样的渠道其实很多。

在发掘共享的渠道方面，如果你积极主动，那么每次正式的会议或者团队的讨论甚至聚餐的饭桌都是你共享的渠道。需要强调的是，你只要有主动共享的意识——愿意去共享，就会发现到处可以共享。

将知识共享给更多的人

由于不同单位的 IT 信息平台不同，下面笔者将着重说明在组织外部知识共享的渠道和工具。

在二三十年前，如果能出版一本书，或者能在杂志上发表一篇文章，甚至能在报纸上发表一个“豆腐块”似的东西都是相当“了不起”的事情，好像都是可以拿出来炫耀甚至忽悠的资本，主要原因是当时可以用来传播的渠道太少了，而且被少数人掌握着，普通人要想让自己的想法被别人知道，实在是太难了！但现在，无论是纸质的出版物还是电子出版物，都增加了许多倍。从纸质出版物角度看，我国目前有 500 多家出版社，每年出版图书接近 30 万种；我国报纸、杂志和期刊的数量也增长迅速，杂志从 1978 年的 930 种增加到 2008 年的接近 1 万种，报纸接近 2000 种。出版社、报纸、杂志和期刊的增多为个人知识共享的传播提供了渠道。在纸质出版物之外，任何一个人只要会上网，都可以在无数的论坛、博客（blog）和各类免费提供的空间中发表个人的言论，理论上讲你发表的东西全球的读者都可以看到，而且发表的容量没有限制，这是何等的幸福！

下面笔者简单分析一下不同出版渠道的特点，以及在个人知识共享的过程中应该注意的问题，以便于你根据不同的需求选择适合的共享渠道。

(1) 传统的知识出版渠道现状

传统的知识出版渠道包括书籍、报纸、杂志、光盘等形式，这也是人类历史上传统的知识传递渠道。虽然出版的数字化发展趋势不能改变，但对于大多数人而言，人们仍旧觉得传统的知识出版渠道更加可信，对于比较深入的内容，纸质出版物阅读起来也更加方便。还有一个更重要的原因是，社会的评价体系还主要依靠纸质出版物，例如评职称时的论文要求必须在纸质出版物上发表，说一个人著作等身也是指纸质出版物。

与数字化渠道相比，传统的知识出版渠道有一定的“门槛”，比如这样出版单位的审稿更加严格，对内容的创新性要求更多，渠道的容量有限，所以在传统渠道的知识共享存在一定的难度：即使你愿意共享，但是有那么多人写文章、写书，为什么要发表你的？你的独创性在哪里？

其实这好比是一个鸡生蛋、蛋生鸡的问题。笔者的专业是知识管理，在 2001 年、2002 年的时候，也曾经给报刊投过稿，也收到过退稿信，但随着自己在该领域研究和实践的增多、品牌的树立，现在基本上都是这些出版渠道主动来找我约稿。所以说，知识共享的基础是你的知识学习、知识使用和知识创新能力的持续提升，就如同易中天说的“怀才就像怀孕，时间长了总能看得出来”。

(2) 数字化出版渠道促进知识共享

虽然传统的出版渠道仍然拥有自己的优势和核心价值，但出版的数字化却是一个无法改变的趋势。数字出版的低成本、快捷和便利以及人们获取信息和知识方式的变化，决定了越来越多的内容将通过数字化的方式出版，并以最快的速度传递给需要的读者和消费者。

从个人知识共享的角度而言，通过互联网的数字出版也是个人知识得以传递的最简单和便捷的途径。现在互联网为个人提供了众多共享自己知识的手段和方法，并降低了知识共享的难度。例如你看完一本书后，可能没有时间或者能力写一篇上千字的书评，但你在读完这本书后知道它的价值大小，基于自己的判断你可以写一两句话的评论，甚至你可以连写都不用写，你可以仅仅点一下鼠标实现一个投票：推荐或者不推荐这本书，这其实就是你的一种态度和知识共享。例如在豆瓣网中，你看到一本书，选择“想读”就是一种共享；如果选择“想读”的人很多，说明这本书得到大家的认可。

上一章我们讲到的工具，比如百度搜藏、Google Notebook 都提供了共享的功能，你可以将收藏的文章共享给自己的团队，这样他们就可以知道你在看什么，对增进对你的了解很有价值；你也可以选择共享你记的 Google 笔记，这样也能帮助他们快速学习。

第一，论坛（BBS）：并非每个人在一开始就可以滔滔不绝地去讲和写，我们学习知识也有一个过程，在学习的过程中除了实践、阅读外，我们还需要去参与讨论，听别人的想法和意见，然后激发自己的创新等，论坛（BBS）就提供了这样的功能。

博客是完全围绕个人展开的，你可以共享你想共享的任何东西；而论坛（BBS）是围绕问题展开的，大家围绕一个问题去讨论。在讨论的时候你可以发表自己的见解和观点，你也可以提出自己不清楚的问题与大家共同讨论，通过讨论，你可以吸收别人的知识，别人也可以吸收你的知识，互相共享知识，共同解决问题，从而促进了个人知识能力的提升。

关于论坛的功能和使用，大家都比较熟悉了。从知识共享的角度而言，你应该确定几个属于自己的专业论坛，并积极参与交流和分享，最终通过交流和分享的过程来提高自己。

第二，微博客：是即时信息的一个变种，它允许你将自己此时、此地的最新动态、想法以简单的语言共享出来，而共享的内容所有的微博客用户都能看到，其内容可以推送到订阅了你的微博的用户眼前，而且微博客大都支持发送手机短信的方式。

你在使用 MSN 或者 QQ 与人聊天的时候，尽管它们都提供了群聊的功能，但大部分用户使用时是采取一对一的沟通。而且聊天时需要大家都有空，可能我们工作都很忙，但又希望关注彼此的所思、所想，这时候就是微博客能发挥作用的地方。微博客信息不仅仅是发送给一个人，也可以发给一群人，而且发出去后接受者有权利选择看与不看，因此避免了一个人想聊天另一个人没空的问题。

目前世界上最知名的提供微博客功能的网站是 twitter.com，国内类似的网站是饭否（fanfou.com）和叽歪（jiwai.de），最近新浪网的微博服务也开通了，感兴趣的朋友都可以试用，在本章下面的工具部分，笔者进行了相关的简单介绍。

第三，博客：互联网上有无数提供博客功能的网站，作为一个个人知识出版的简单工具，你可以根据自己的爱好、个性去装饰你的博客。博客完全围绕你个人展开，你可以自主决定你想共享什么，可以决定要不要别人评论（别人评论对你的学习有价值），可以决定什么时候写、写多少内容等。

对于博客平台的选择，从个人品牌的角度讲，你可以建立拥有自己独立域名的博客，就是说域名自己申请、网络空间自己购买，然后自己在上面分享你的知识和观点。但这需要一定的技术功底（对博客平台的熟悉）和一定的财务成本（域名、网络空间和程序可能都需要一定费用）。对于大部分人而言，可以去选择那些互联网上免费提供的博客平台，在选择的时候建议找那些实力雄厚、比较知名的网站为好。

如果你想要共享你专业和领域的知识，笔者不建议你选择新浪或者搜狐之类的大门户网站的空间，而是最好选择你所在行业的网络平台，因为具体的一个专业在门户网站上并没有多少用户，因此无法形成足够的交流和互动，如果你共享的内容一直没有得到反馈，也会降低你持续共享的热情。而在专业或者行业平台上，由于大家背景相同或者类似，你的分享更容易获得大家的共鸣，从而促进你个人的学习和交际圈的拓展。

第四，社会化网络服务网站（SNS）：社会化网络服务网站除了可以用来维护自己的朋友圈以外，它还是一种集成了微博客、个人博客、论坛、社会性书签等多种工具的知识共享平台。其功能正好符合了人们学习知识的全过程：首先是实践、阅读、思考，然后能够形成一些简单的话语，这个时候可以用微博客（在不同平台有不同的名字，例如在开心网中叫“记录”，即记录你此时此地的想法，还有一些平台叫“迷你博客”等）的形式表达出来。观点进一步成熟后，你可以在论坛中发起一个帖子邀请大家参与讨论或者在别人发起的帖子下面分享自己的观点，最后你可以写成博客来共享等。在这个过程中，你可能会阅读许多网络上的相关内容，这时候可以使用社会性书签将你阅读的内容收藏起来。以上的过程是你个人学习的过程，但这个过程如果能让你的朋友、同事看到，对于他们来说就是一种很有效的知识共享，因为你不仅共享了知识的结果（比如一篇 5 000 字的博文），还共享了这个知识形成的过程。这样既便于别人了解你，更共享了你的知识。

社会化网络服务网站有很多，有重点服务于大学生的人人网（renren.com），也有专注于上班族的开心网（kaixin001.com），还有更多的关于某个领域和某个行业的垂直网站服务，例如专注于知识工作者成长和发展的知识工作者公社（my.kmcenter.org）。从个人发展的角度讲，笔者更建议选择你行业或者领域内的该类网站提供的相应服务，原因在上面也提到过：因为在这里有你的同行，他们会跟你更多地互动，更多地交流，能建立你行业内的专业形象和个人品牌！

互联网就是一个知识共享和传递的渠道和平台，而且不断出现具有新功能的知识共享方式和工具，知识工作者应该根据自己的需求去选择最适合自己的方式。

选择你的共享方式

如果你愿意进行知识共享，那么选择适合自己的渠道也很重要。在目前的情况下，渠道是太多了而不是太少了，所以为了提升你知识共享的效果和效率，选择什么样的渠道就显得很重要。相信全国范围内学术水平比于丹、易中天高的一定大有人在，但是为什么单单就他们成为了“学术明星”？流传的说法是，易中天在登上央视的《百家讲坛》之前每天可以悠闲地遛狗，但自从出名以后就四处演讲、签名售书，相当地“火爆”。这是为什么？因为他们利用和掌握了最有效和最强势的知识传播的渠道——中央电视台。做研究的也有这个问题，同样一篇论文，如果用《××（地区）农作物学院学报》的渠道发表出来，可能大部分同行会看不到或者即使看到了也不会重视，而如果是发表在《科学》、《自然》

这样的学术杂志上，得到的反响就会大不相同，这就是渠道的差别。

可能每个人都希望有机会上中央电视台，每个人写论文都希望发表在顶尖的杂志上。但是我们都是普通人，并非我们每写一篇论文、每说一段话都可以出现在《科学》杂志和 CCTV 上。而且即使是高水平的人，也不可能是字字珠玑，也需要通过日常的积累。这个积累的过程就是你学习的过程、思考的过程和实践的过程，在某种程度上这个过程比最后的结果（一篇论文、一个整理好的讲座）更有价值、更有内涵、更具有活生生的生命力。

所以在做知识共享的过程中，首先要从帮助自己学习提升的角度去做。除了考虑社会表面的评价体系（例如收入、职称、头衔等），你更应该注重的是社会对自己的认可和口碑，所以你在传递个人知识的过程中，先要立足于你所在单位内部的共享，然后可以以写博客为基础，辅之以传统的写文章、做演讲等方式。

第五节　共享知识的工具

想做好共享知识这个环节，首先你应该有主动去做知识共享的意识，因为你的知识共享能够给你带来价值，能够帮助你发现更多机会并帮助自己成长。

有了知识共享的意识之后，你就要去研究和实践如何提升自己共享知识的能力，包括训练自己的语言表达能力，使你可以自如地表达自己的思想，更进一步的是如何使你的表达更加诙谐幽默、引人入胜，还有训练自己的文字表达能力，用简单、平实的语言传播你的知识，能够让人看明白、读清楚。

掌握了共享知识的方法并具备了这些能力后，就要考虑用什么样的工具，才能让你的知识最有效率地表达出来、传递出去，让你的目标对象能看到，这就需要使用共享知识的工具。

现在知识共享和传播的工具已经很多，你要选择最适合自己的工具去共享和传递自己的知识。下面简要列出常用的一些工具：

你服务单位的 IT 系统

众所周知，任何一个人都是服务于某个单位，这个单位给你提供薪水和福利让你的生活得到发展与进步。所以，个人知识共享第一步的工作就必须考虑如何将你的知识在你服务的单位内传递和传播，帮助单位和你的部门提升业绩，建立竞争优势。

即使没有进行知识管理实施的企业，其内部也有许多知识管理的实践。随着整个社会信息化水平的提高，几乎国内的每个机构都建立了各自的信息传递和知识共享的IT系统，所以你所服务单位的IT系统就是你知识共享的第一个工具。

例如许多公司都要求自己的员工写工作日志或者周报，这其实是你总结自己的经验和教训、共享个人知识的好机会，你是否有效利用了这些工具？任何一个项目完成后都会有一个总结，你是否对你负责的那部分工作进行了深入思考，你是否愿意将你总结出来的东西分享给自己的上司和同事？

你所服务的单位是你安身立命的根本，如果你实在讨厌它，你可以选择跳槽。但只要你还在这个岗位的时候，你就一定要尊重它，用你的知识和行动帮助它，主动共享自己的知识来与它共同成长。

正式的出版物

每个知识工作者都有自己的专业，如果你是一个技术人员，一定有与自己相关的专业媒体，包括学术期刊、专业杂志、行业报纸、书籍、行业门户网站、行业的论坛和社区等。如果你是一个管理人员，也有与岗位相关的专业出版物。从知识学习和知识共享以及传播的角度讲，你需要整理出一份你自己的专业出版物，可以叫“我的媒体”，里面包括网络、报纸、杂志等内容。

你应该根据自己所处的个人发展阶段积极主动地去分享你的知识。初期可能是你个人主动的投稿，比如先从向网站投稿开始，因为网站的容量相对较大，对内容质量的要求也不是十分严格。随着你的知识创新能力的增强，你可以用到的工具会越来越多。

个人博客（Blog）

Blog的全名是Web log，中文意思是“网络日志”，缩写为Blog，通常被翻译成博客。而Blogger就是写博客的人。博客是一种以互联网作为载体，简易迅速便捷的知识发布方式，通过个人知识的发布可以带来对知识的评价和交流。博客的主要功能是分享、展示和交流，通过分享自己的知识，展示个人的见解和观点，促进人们对于自己的了解，建立信任关系。同时，你的分享和展示会激发别人的思考和关注，从而促进人与人的交流，甚至为你赢得专业上的合作机会，为树立个人品牌提供支持。

(1) 博客与传统个人网站的区别

互联网最初起步的阶段，对于要想发布自己想法的人而言，需要制作个人网站。但是从技术角度讲，传统个人网站的制作过程费时费力：需要你自己去购买服务器、域名并维护，需要了解相应的软件和工具，而且成本较高，并非普通用户可以承担的；相对而言博客的建立和使用则要简单很多，现在有众多的免费博客平台，只需要像注册电子邮箱一样就可以开设自己的博客。从使用和传播的角度来说，博客比传统个人网站更加容易吸引访问者：它的互动性更强，内容更加口语化，并且简单易用，发布、评论都很简洁。同时，一般博客都提供 RSS 订阅的工具，从而可以保证对你博客内容感兴趣的人可以快速地得到相应的内容，从而方便知识的共享和传播。

(2) 博客平台的选择

当然，如果有条件你最好建立拥有自己独立域名的博客平台。但对于大部分人而言，选择已有的博客平台是成本最低和最容易操作的方法。

现在提供博客服务的网站平台很多，根据笔者研究和实践的经验看，普通人开设博客，最好建立在自己行业的主流网站上，而非类似于新浪和搜狐这样的大众网络门户平台。行业网站的用户更加专业，他们都是你分享内容的目标对象，而且可以与你进行有效的互动。而一般的大众网络门户平台，目前关注更多的是名人、娱乐和八卦，成为名人的推广渠道，普通人则较少得到相应的关注。

至于如何选择每个行业的具体哪一个博客平台，你可以根据自己行业特点选择那些服务稳定、影响力大的网站，笔者这里无法一一列举。

大众口味的博客平台可以选择的范围很广，其服务都大同小异。以下简单列出几个博客平台供您选择：

新浪博客：http://blog.sina.com.cn

搜狐博客：http://blog.sohu.com

百度空间：http://hi.baidu.com

QQ 空间：http://qzone.qq.com

维基（Wiki）

（1）维基（Wiki）简介

Wiki 一词来源于夏威夷语的“wee kee wee kee”，原本是“快点快点”的意思，被译为“维基”或“维客”。维基的概念始于 1995 年，当时在普渡大学计算中心工作的沃德·坎宁安（Ward Cunningham）建立了一个叫波特兰模式知识库（Portland Pattern Repository）的工具，当时的目的是方便社群的交流。从 1996 年至 2000 年间，波特兰模式知识库得到飞速发展，维基概念和内涵也得到不断的丰富和传播，网上又出现了许多类似的网站和软件系统，其中最有名的就是维基百科（Wikipedia）的出现。

从社会的角度讲，维基（Wiki）可以调动最广大的互联网用户的集体智慧参与知识创造和互动，成为了一种 Web2.0 的典型应用，成为知识社会条件下创新 2.0 的一种典型形式。

从知识工作者角度看，维基（Wiki）是一种多人协作的知识整理和写作工具系统，属于一种利用集体智慧的知识共享和维护的网络管理系统。在维基（Wiki）页面上，每个人都可浏览、创建、更改知识条目，维基（Wiki）系统可以对不同版本内容进行有效控制管理，所有的修改记录、过程都被保存下来，不但可事后查验，也能追踪、恢复至本来面目，这其实符合人类知识的成熟过程：知识在实践中经过不同人的完善才能成熟。同时这也就意味着每个人都可以方便地对共同的知识条目进行写作、修改、扩展或者探讨。

从技术角度看，维基（Wiki）是一种超文本系统，是任何人都可以编辑网页的社会性软件。维基（Wiki）包含一套能简易创造、改变 HTML 网页的系统，再加上一套记录以及编目所有改变的系统，以提供还原改变的功能。利用维基（Wiki）系统构建的网站称为 Wiki 网站。这种超文本系统支持面向社群的协作式写作，同时也包括一组支持这种写作的辅助工具。在 Web 的基础上对 Wiki 文本进行浏览、创建、更改，代价远比创建、更改、发布 HTML 文本小；同时 Wiki 系统可以为协作式写作提供必要帮助；最后，Wiki 的贡献者自然构成了一个社群，Wiki 系统为这个社群提供简单的交流工具。与其他超文本系统相比，Wiki 有使用方便及开放的特点，所以使用 Wiki 系统可以帮助知识工作者在一个社群内共享某领域的知识。

（2）Wiki 与 Blog 的区别

Wiki 完全围绕知识内容展开，而博客则围绕个人展开。在博客中个人发布自己的知识，并与读者互动。而在维基（Wiki）中大家围绕一个主题的知识进行协作，共同完善知识，使之日臻成熟。博客以人为中心，而维基（Wiki）以知识为中心。

（3）代表性的维基（Wiki）网站

维基百科：www.wikipedia.org

Google 百科：knol.google.com

百度百科：baike.baidu.com

互动百科：www.hudong.com

微博客

微博客是即时信息的一个变种，是一种个人可以发送的简捷信息。用户可以将自己的最新动态和想法以简短的语言（微博客大都有字数限制，例如 140 个字符、70 个汉字）发送到某个平台（大多支持手机和网站形式发送），而非直接发送给某人。这种方式方便对自己感兴趣的人了解你的动态，可以发短消息给你的朋友或“followers（跟随者）”，你也可以选定你跟随的人。2006 年，原 blogger.com 创始人、博客方面的专家埃文·威廉姆斯（Evan Williams）创建的公司 Obvious 推出了微博客的服务。在起始阶段，该服务只用于向自己好友的手机发送文本信息。2006 年年底，Obvious 对服务进行了升级，用户无须输入自己的手机号码，而可以通过即时信息服务和个性化 Twitter 网站接收和发送信息。

微型博客满足了很多网络用户的基本需求——在最短的时间内了解所有琐碎的个性化信息，并互相交流。它的作用简单描述就是：它的氛围感更强，你基本上是在一堵墙上涂写，如果谁想看，就可以看到。

目前，全球最知名的微博客网站是 Twitter，众多普通人和明星都在上面分享自己的想法和动态。例如美国总统奥巴马、小甜甜布兰妮甚至英国皇室等都在 Twitter 上开设账号，现在 Twitter 上也有许多中国人分享。

Twitter 的网址为：www.twitter.com

目前国内也出现了许多类似 Twitter 的微博客网站，比如做啥、叽歪、新浪微博等十余家。其主要优势是对中文的良好支持，以及与国内移动通讯服务商和即时聊天工具的绑定。

第五章

使用知识

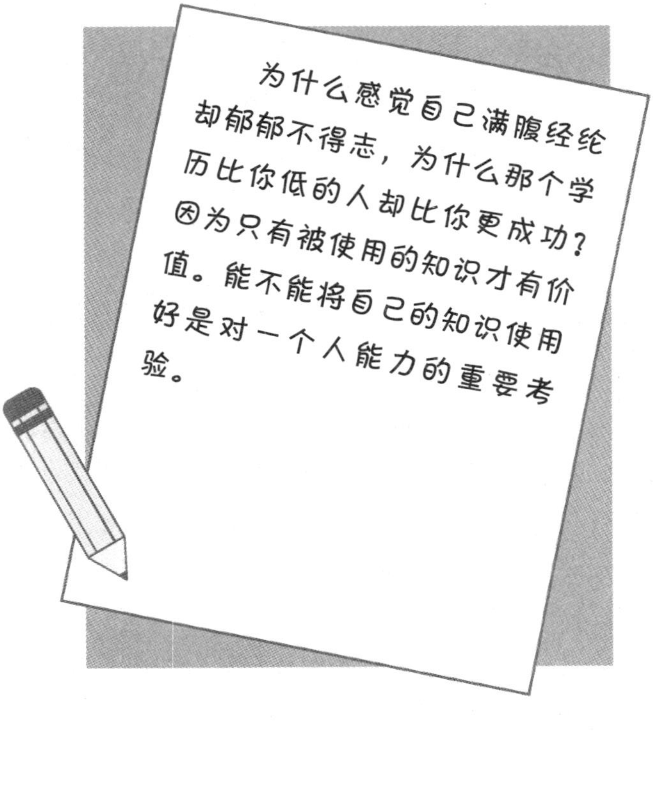
为什么感觉自己满腹经纶
却郁郁不得志，为什么那个学
历比你低的人却比你更成功？
因为只有被使用的知识才有价
值。能不能将自己的知识使用
好是对一个人能力的重要考
验。

第一节 百无一用是书生

把才华应用于实践之中——才能本身毫无用处。许多有才华的人一生碌碌无为，通常是因为他们把才华本身看做是一种结果。

——管理学大师彼得·德鲁克

历史上，清朝的黄景仁写过“十有九八堪白眼，百无一用是书生”的名句，来嘲讽什么也不会做，只会读书的书生。笑话读书人更甚的一句话是“秀才造反，十年不成”，读书人做什么都很难干成，更遑论造反？印证这句话的经典还有两句诗“坑灰未冷山东乱，刘项原来不读书”，意思是说秦始皇“焚书坑儒”费半天劲却搞错了对象，那些真正能推翻你统治的人，人家根本不读书。

在古代，有些人是看不起读书人的，其实许多现代人也有这种想法！

人是不能脱离自己生存的环境的，我们作为生活在这种状况下的知识工作者，应该怎么办？

不理解社会的现状和特点显然是不行的，“世事洞明皆学问，人情练达即文章”，与人交往的经验和技巧是知识，生存的技巧也是知识，前面笔者讲到的如何建立自己的人际圈子其实就是这个意思。人可以有理想，但不能理想主义，改变我们能改变的，接受我们无法改变的，知识工作者也需要学习并掌握这些知识为我们的目标服务。

如果说在封建社会里“百无一用是书生”，那么在现代社会，如果一个人没有知识、不会使用和创新知识很可能就寸步难行了，这方面一个很明显的例子就是现代的军队。以前所有国家的军队都是按照人数组织的，十个人一个班，一百个人一个连，在征兵的时候主要看身体是不是结实、有没有疾病，其余的条件不会太讲究。对于我国的军队来说，只要你是一个健康的人，不论你是否读过书，只要到革命的大熔炉来就可以锻炼成人才。笔者曾经与一些军官交流过，他们最喜欢招的是从农村来的士兵，因为他们更听话，知识较少而且问题也很少，并且能吃苦训练。但是我们后来发现，从 2007 年开始，我国的军队开始大规模宣传招收大中专的毕业生，希望招到那些知识水平更高的人，这是为什么？因为现在军队的装备、运营的知识含量都在迅速提高，从前那种征兵方式招上来的兵在仅仅两年的服役期间里很难掌握，已经无法满足军队的需要了。未来学家托夫勒认为，军队将来的发展趋势是“知识战士”：“未来的新兵种——知识战士，这是一群穿着军装或不穿军装的知识分子，他们信奉知识能打赢战争或避免战争的观念。”没有这些知识战士，不但无法参加将来的战争更不要想打赢。

知识的价值只有在使用时才能发挥出来，所以如何使用知识就成为每个知识工作者必须考虑的问题。

知识工作者在使用知识的时候需要注意以下三点：

仅有显性知识是不够的

《三国演义》中守街亭一段，当时，副将王平一看街亭地势，说此地险绝，应该当道屯兵。马谡说差矣，然后来一句：“凭高视下，势如劈竹”，所以马谡就决定屯兵山顶。王平再说山顶是死地，马谡又说差矣，“置之死地而后生也”，死地有什么不好，只有身处死地，士兵打仗才能够以一挡百。于是，马谡守在山上，断水绝粮，自取灭亡。街亭一仗，不仅战役全败，蜀汉也从此失去战略先机，后来诸葛亮挥泪斩马谡。

马谡有知识吗？有，但他的知识都是显性知识和间接经验。显性知识经常表现为书本上的理论、专家的话等，但书本上的理论很多，具体决策使用哪个理论、什么理论适合什么样的环境却是书本上不可能教的，是个人必须通过亲身体验才能得到的，所以说单纯的显性知识是无法发挥作用的，这也是古代的知识分子最被人诟病的地方：满口之乎者也，但却不了解社会和具体工作，所以知识无法发挥作用。这也就是为什么一个新毕业的大学生虽然有显性知识，但却无法在工作中发挥作用的原因之一，因为他欠缺隐性知识，他的隐性知识必须通过在日常工作中的积累和有意识的学习才能掌握，而且显性知识必须与隐性知识相结合才能发挥出真正的功效。

既然单纯的显性知识无法发挥作用，就提示我们在学习的时候不仅要注重显性知识的学习，更应该注意通过人际交往、通过事后的回顾与总结、通过实践去学习和掌握隐性知识。不能满足于保存知识或者背住知识，而一定要主动去使用你的知识，只有将显性知识不断付诸于实践，才能知道显性知识利用的环境、技巧和范围。

智者视知识与实践为一体，这也提示我们在读书的时候，不仅要读学校的书、老师指定的书，更要读社会的书，深入理解民情、民风、社会习惯和市场环境，只有这样的知识才能真正发挥出作用。正是因为沉溺于读书，才会造成眼高手低，习惯于清谈，造成空谈误国，什么事情都不敢做，什么事情都做不成的状况。

同为知识工作者的曾国藩认识到了仅仅具备显性知识的缺陷，他认为知识分子的毛病是“好大言也”。好大言的人仅仅是掌握了一些显性知识却缺乏历练，所以容易自以为是，因为还没吃过苦头，不真正了解社会和现实。而真正的知识使用的高手，其实都是在摔打中成长的。

胆识：无知才能无畏

有一次，古希腊哲学家捷诺的学生问他：“老师，您的知识比我们多许多倍，您回答的问题又十分正确，可是您为什么对自己的解答总是有疑问呢？”

捷诺用手在桌上画了大小两个圆圈，并说：“大圆圈的面积是我的知识，小圆圈的面积是你们的知识。我的知识比你们的多。但是这两个圆圈的外面，就是你们和我无知的部分。大圆圈的周长比小圆圈的长，因而我接触到的无知的范围比你们的多。这就是我为什么常常怀疑自己知识的原因。”

的确，知识越多的人知道自己不知道的越多，所以知识越多的人越谦虚。但有时候这种谦虚也会成为恐惧和胆怯的原因：因为知识越多，感觉到事物的不确定性越多，所以许多事情不敢去干，总奢望条件再成熟一点、环境再好一点、掌握的信息再多一点才敢决策，导致许多事情不敢开始。这类人常说的一句话就是“当年我也想如何如何，如果要是做了一定比他好许多”。对于这类人，笔者向你推荐一句话“无知者无畏”。

无知者无畏的本意是说因为对某一项事物一无所知，反而对它没有畏惧心理，敢于去尝试，敢于创新，但无畏的后果往往容易以失败而告终。人们对于了解的事物因为知道它存在难度，所以缩手缩脚不敢去做。但事实上，任何决策和判断都是在信息和知识不完全充分的条件下做出的，而机会更是在信息和知识支离破碎的时候出现的，如果等所有的信息、知识和外部环境都成熟了再去行动，那时候将与成功失之交臂，机会也就不成为机会了。所以说，知识工作者要有一股无知者无畏的干劲，要敢于去尝试，罗斯福总统曾经说过“唯一让我们感到恐惧的是恐惧本身”，如果仅仅生活在恐惧中，那什么事情都无法做，什么事情都做不成，你的一生将一事无成。

至于要确定将你的知识用在什么领域，确定事情的轻重缓急，在大部分状况下不是靠理性的分析，而更多的是靠胆识。相对来说，知识工作者更习惯于逻辑推导、严格证明或者证伪，你的知识可以用在这个领域，也可以用在那个领域，可以用来解决某个当前急迫的问题，也可以用在解决未来更有价值的问题。选择了某个方向意味着放弃了另一个方向，在你的时间是一定的情况下，如何选择知识使用的方向和领域对于你个人的发展影响很大。在科学研究领域，那些选择速成的方向和领域的科研人员不大可能成为知名的科学家，虽然他们也可能有许多小的发明和创造；而那些选择挑战性较大领域的科研人员，他们宁愿为一个激动人心的问题和机会“要坐十年冷板凳”，他们不计较一时的得失，只有这样的人才可能做出最具颠覆性的创新和发明。同样，在企业界也存在类似的情况，击败曾经风光无限的Yahoo公司的不是他原来以为的竞争对手，而是致力于技术创新和商业模式创新的Google公司，Google没有跟Yahoo进行面对面的竞争，而是以颠覆性的姿态出现，从而淘汰了Yahoo赖以生存和发展的商业模式。

如何确定自己知识使用的方向，以及先做什么后做什么，主要做什么忽略什么等，这些判断很难用理性的分析划定出来，主要是与每个人的生长环境、所处的氛围、个性和胆识来确定。在这个时候，不同背景、性格和价值观的人会做出不同的选择。同时，也很难让一个缺乏决断力或者仅关注眼前的人去学会关注未来和机会，可行的办法是知识工作者之间的协作：如果你不擅长发现机会就要与那些对机会敏感的人结成合作伙伴；如果你更愿意执行那么你就要找到那些更善于规划的人一起合作。

其实，做任何事情都是有风险的，如果没有胆量，做任何事情都怕风险，很可能最终仍是一事无成。所谓的胆识，并不是蛮干，而是更多地体现为你有能力去承受为了职业发展或者说个人理想所付出的代价。

20 世纪 60 年代，在某导弹基地的一次试验中，因加泄推进剂时操作失误，导致弹体瘪进去一块。在场的人看了都十分紧张，认为这是一个大故障，导弹不能发射。著名科学家钱学森听完汇报后，亲自爬到发射架上去察看故障情况，认为箱体虽然有变形，但尚未达到结构损伤的程度。

结合自己过去在美国所做壳体研究工作的情况，他找出了问题的原因：由于试加推进剂后，在泄出时忘了开通气阀造成箱内真空，外面空气相对压力大而压瘪。当点火发射后，箱内要充气，弹体内压力会升高，壳体就会恢复原来的形状，所以他主张发射照常进行。

钱学森的这一分析虽然有道理，但他的决策仍有较大风险，许多人表示担心。负责发射指挥的基地司令员甚至拒绝了在给中央的报告上签字。最后这份由钱学森一人署名的报告送到北京以后，聂荣臻元帅批准了钱学森的意见，结果如他所料，这次发射成功了。

从这个故事可以看出，真正的胆识来自于自己知识的积累和经验的总结，所谓的胆识并非盲目决策。

协作与文人相轻

《旧唐书·房玄龄杜如晦传论》记载，唐太宗善于用人，他有两个知名的大臣房玄龄和杜如晦，房玄龄擅长筹划，而杜如晦则善于决断，所以房玄龄将事情筹划好后都会请杜如晦判断哪个更合适，即为房谋杜断。一方面说明了唐太宗用人上的过人之处，另一方面也说明了不同的人之间需要协作，才能发挥每个人的能力。

传统的知识分子有一个最大的缺陷就是孤高自傲、孤芳自赏，缺乏合作精神，因为自己读过书或者比别人读书多，就目空一切或者拉帮结派党同伐异。这种心态在现代的社会环境下很难成功，甚至无法生存。管理学大师德鲁克曾经举过一个例子，他说“如果你想找一个最优秀的神经内科医生看你的膝盖伤，你可能要失望了，因为他虽然能做复杂的神经科手术，但他却不会治疗你膝盖的外伤”。所以专业的分工决定了知识工作者必须要与人协作才能真正发挥自己的作用。

现代管理学中一个最重要的概念是“团队”。笔者在本书中也给大家提供了一些分析个人优势的方法和工具，目的在于让你发现自己的优势与特长，在工作中充分体现个人的价值。对于每个人而言，都有自己擅长和不擅长的地方，所以是不存在一个完美的个人的，但是通过团队的协作，通过充分发挥每个人的优势和特长，我们却可以打造出完美的团队，这样你的知识在这个环境中才能发挥出更大的作用。比尔·盖茨在揭示他的成功秘诀时曾说过：“我最重要的成功是打造了一个完美的团队。”

笔者的一个朋友是数据恢复领域的专家。原来在一家军队的研究机构供职，后转业自己创业。

论专业上的水平和能力，他在国内绝对是前十名以内。但公司开张三年后，他的公司仍然是两三个人，虽然也有一些客户，每年也有三十多万的收益，但是却很难做大。而与他同时期创业的，许多公司的销售额已经到达了数千万元人民币的级别，员工人数也达到了上百人。他不只一次招聘过市场部经理、销售经理，但却无法长期合作，认为那些人水平太差，不如自己专业，最后这些人员都流失了。

分析他的原因，他有专业知识，但因为无法与人合作，所以还只能是单打独斗，无法发挥出组织的作用，无法将自己的知识使用价值最大化。

知识工作者如果想将自己的知识发挥出最大的作用，一定要在与别人的合作中才能实现。所以，知识工作者必须学会与人合作，尊重人的多样性，多看别人的优点和长处，善于与别人分享利益与成果。现代社会发展的趋势越来越表明，有沟通意愿的人，才是心智健康的人，有合作能力的人，才是有前途、能成功的人。现在的知识分工越来越细，每个人只能掌握自己领域内的知识，只有善于并主动与人协作的知识工作者才能充分发挥自己的知识和能力，才能真正用知识创造价值。

第二节　使用你的知识的三种方式

如何才能把你的知识使用起来？

只有被使用的知识才有价值，单纯地说知识价值是无法衡量的。

也许你觉得自己“满肚子学问”，但你的肚子值多少钱，可以销售吗？当然不能，你的肚子没法卖也没人买。人们只能购买你提供的产品或服务，所以要让你的知识发挥出价值，必须以产品或服务的形式来展现。但大部分产品或服务并非一个人的知识成果，需要多种知识协作才能实现每个人的知识价值。例如IBM向中国石油提供服务，你作为IBM的一个员工可能是其中的一个销售人员、软件工程师或者售后服务人员，这时候你的知识是与一项任务或者一个项目结合起来；进一步说，如果你的知识更加成熟，你可以将你的知识用一种表现方式，比如通过申请专利的形式保护起来，然后当别人需要这些知识和方法的时候向你交纳专利的使用费；更进一步，你可以做成一种产品或者服务直接在市场上销售。通常说，使用个人知识的方式有以下3种：

(1) 把个人知识与任务和项目相结合，向某个固定的机构提供知识服务；

(2) 把个人知识表现为专利形式，通过销售专利向全社会提供知识服务；

(3) 把个人知识产品化，直接向社会提供产品和服务。

不同的知识使用方式对应知识工作者成长的不同阶段，对于正在读书或者刚刚毕业的学生，大部分知识使用的方式是把个人知识与任务和项目结合，向某个机构提供自己的知识服务。例如在校读书的学生利用业余时间做兼职翻译、市场方面等工作，其实是将自己的知识与翻译或者市场工作结合起来；大部分人一生会找到某个或者几个机构提供知识服务，将他们的知识与该机构的任务和项目结合起来；如果你所学的专业和方向的知识成果可以用专利或知识产权的形式体现，那你也可以去销售你的专利；随着经验的积累和各方面条件的成熟，你的知识也越来越成熟，这时候你可以将知识表现为一种产品或服务，通过销售你的产品或服务去实现知识的价值。例如，你是一个孩子的妈妈，通过培养你的小孩，你掌握了0~3岁小孩养育的知识，但如何让你这方面的知识发挥作用？最简单的方式可以表现为向社会提供一种0~3岁儿童养育培训的服务，面向怀孕的父母、需要扶养0~3岁小孩的爸爸妈妈。你需要设计一个课程，向他们收取培训费用，这样，你的知识就转化成了价值。

找份工作

个人知识与任务和项目相结合

就业和创业的最大区别是：就业是别人给你找事，而创业是自己没事找事。而把个人知识与任务和项目相结合就是“别人给你找事”做，当你去一家单位上班的时候，无论是政府机关还是企业，都会告诉你需要做什么、怎么做。我们找一个工作其实就是找这样的机会：单位告诉我做什么，或者是一项任务或者参与一个项目。在参与不同的任务和项目的过程中，我们的知识也得到积累和提高，从而可以做更重要的工作。

如何将你的个人知识与任务和项目结合呢？你起码要找到一份工作，能够发挥你知识积累和能力的工作。有一些人眼睛总盯着大城市、好单位，但大城市的容量是有限的，今天的“好单位”很可能是你个人发展的陷阱，所以笔者建议大学毕业生在选择工作时要找那些最能提升自己的地方，而不是一般认为是“好单位”的地方。如果你有了更高的知识和能力，那么“好单位”会主动找你，甚至你自己可以创立一个“好单位”。对于在单位上班的人而言，要珍惜机会；如果这样的单位不能给你提供个人知识与任务和项目结合的空间，那你就毫不犹豫地去跳槽吧。

小吴是某重点大学毕业生，毕业至今有一年零四个月。曾经有过一份不错的工作，但是没干半年，便经常以加班不习惯为由辞职了。现在整日待在自己租的房子里，上网、买菜、做饭、睡觉……日子过得逍遥自在。“我觉得找一份工作对我来说并非难事，只不过是好与坏的差别！”听上去口气不小，但当他去找工作的时候，却发现总没有合适的，高不成低不就。他认为自己水平很高，一定会找到薪水高、干活少、又体面的好单位。

点评：暂且不论小吴能力如何，如果他不去工作，不能将自己学到的知识与任务和项目相结合，那么不出两年，他的知识就会贬值，竞争力就会随之下降，也就更难找到合适的岗位了。

秦奋的分歧争端解决机

个人知识表现为专利形式

“历史的车轮还会这样转下去吗？I have a dream——我梦想有一天，有一样东西，能将世界上所有的争端都化为无形，刀枪入库，铸剑为犁。我梦想有一天，有一个方法，能解决人类所有的分歧，大地鲜花盛开，孩子们重展笑颜。I have a dream——21 世纪什么最贵——和谐。”在电影《非诚勿扰》中，秦奋申请了以剪刀、石头、布为主要功能的分歧争端解决机发明专利，并将该专利以 200 万英磅销售。

在中国，大多数领域的个人专利申请远远超过机构专利申请；每年也有大量的专利授予第一次提交申请的自然人。中国人勤劳但不富裕，要想将自己的知识转变为可以在市场上出售的东西，知识专利化是一个比较简单易行的途径。其实专利并不一定要很复杂，虽然《非诚勿扰》中秦奋的专利是一个“笑谈”，但实际上许多专利的确并非都是技术水平最高的产品或者方法，所谓专利要求的是创造性、实用性和新颖性，许多时候就是“一层窗户纸”，就看谁最先捅破它并用专利的形式保护起来。

1916 年春，一只俄国的小船悄悄地驶进了英国港口，几个学者一下船，就去拜访英国负责军火生产的大臣，请求传授光学玻璃的生产技术。因为光学玻璃是国防工业的重要材料，当时只有德、英、法三国掌握这个秘密。英国为不泄露机密，让他们去法国。在法国，总统陪他们去会见玻璃制造商曼杜阿，然而，俄国学者出 100 万法郎也未买到制造的秘密。万般无奈，只好重返英国，双方经过讨价还价，直至俄方答应给英国光学玻璃制造商谦斯 25 年的生产垄断权，才得到生产技术的奥秘：搅拌——熬熔玻璃时必须不停地搅拌。得知这个诀窍后，俄国学者们面面相觑，哭笑不得。

如果你想将你的知识通过专利的形式实现价值，那你需要了解专利申请的相关知识，同时在工作中有意识地注重知识创新，在出现创新的时候主动去申请专利这一保护形式。并且，专利和论文是不同的。科学论文要把一个大的发明思路完整地表达出来，而专利则是一权利一申请，往往一个实验、一个思路可以申请若干个专利。同把一篇科学论文拆分，一稿多发的不正当行为不同，这恰恰是充分利用了科研投入形成知识产权的聪明行为。

在2004年的一次庭审判决中，美国Eolas公司用一项在网页中嵌入动态文件的软件专利赢得了针对微软公司的专利侵权诉讼。一审法院裁定的侵权赔偿超过了5亿美元。当时，很多人不相信上诉法院会支持这个裁决。他们对Eolas公司是怎么回事更不感兴趣。2005年，美国联邦巡回上诉法院再次作出了对权利人有利的裁决。这时，人们才热衷于了解Eolas公司的情况。不过，令人大跌眼镜的是，该公司实际上只有一个雇员，就是老板本人。

全聚德的电炉烤鸭

(1) 个人知识产品化或服务化

2006年，百年老店、北京的传统美食全聚德烤鸭店推出了电炉烤鸭。据说电炉烤鸭的口味和原来的工艺方式口味基本相同，甚至可以将烤鸭上的果木味道都加进去。虽然说得很好，但仍然引起了舆论大哗，主要是因为文化的冲突：人们吃全聚德的烤鸭目的是为了体验其文化，而电炉烤鸭则将其中的文化韵味丧失殆尽。

抛开文化的问题不谈，全聚德烤鸭的电炉是一个典型的知识产品化的设备。之前的烤鸭知识都在烤鸭师傅身上，许多还是隐性知识，通过将这些烤鸭师傅的知识显性化成工程师能够理解的语言，然后工程师再去设计，实现了烤鸭知识的产品化，可以大规模复制（而烤鸭师傅的培养则需要许多年）。

你的知识有没有可以转化为产品或服务的？你的知识转化为产品或服务后就可以销售。例如你现在读到的这本书，其实就是一个知识转化为产品的例子。笔者关于个人知识管理的知识通过一本书的形式表现出来，由出版社出版，我获得稿酬。前面讲到的将养育小孩的知识转化为服务，也是一种知识服务化和产品化的例子。

同时，在个人知识产品化或服务化的过程中，需要知识的协作，例如那位讲“0~3岁儿童抚育”的妈妈如果真的想去销售她的培训课程，她就必须跟销售人员、市场人员合作。如果没有市场人员，人们不会知道她的这个课程，不会知道这个课程怎么样，更不会去购买；如果没有销售人员合理的培训价格体系设计，她的课程很可能难以卖到一个理想的价格。

而且，并非是你想将自己的知识产品化或者服务化就一定能实现，能实现产品化或者服务化的知识必须是相对成熟的知识，你必须要对某个领域的知识及其外围知识有深刻的理解和把握。能够做到知识产品化或者服务化的知识工作者大都是经验比较丰富、拥有较多资源的人，而且要善于合作，能够找到各个领域的合作对象。

(2) 培养个人的市场意识和市场思维

就像前面我们提到的，从小我们的长辈都告诉我们要好好学习，但从来没有人告诉我们为什么学习，学习来的知识如何运用。所以，关于如何使用知识的问题上，教育给我们这块的知识是空白。

传统的观念是，我们将自己的知识与经验与某家机构的项目和任务相结合，向这家机构提供我们的知识和技能，然后该企业向市场提供产品和服务，市场给予该机构回报，该机构再将市场给予的回报分配给它的股东、员工和社会。这时候，我们很少会考虑知识如何用的问题，因为我们去了某个机构，会有人根据我们的专业、学历分配相应的工作任务、工作内容，我们只需要去做就可以了。这种方式的优点是稳定，我们所在的机构帮我们规避了市场的不确定性风险，而我们从公司取得工资和福利，缺点是这种工资和福利可能没有真正体现我们的知识价值。从某家公司和机构取得报酬是根据我们的工作量来衡量的，其所表达的单位是时间，这是一个容易测量的方式。在同样的时间内，我们可能有时候连一个问题也没想清楚，而另一个时间内我们则可以设计出帮助企业取得市场优势的产品和服务，但在这种分配机制下是无法区分这两者的区别的。所以说，对于知识工作者来说应该有更合理的分配方式。

这种方式是什么呢？

笔者认为，对于知识工作者而言，衡量其价值的要素除了时间之外，还应该根据其通过知识创造的价值来衡量，即根据知识工作者的知识的市场价值来衡量。从个人的角度说，就是个人不仅仅单纯向某个具体的机构提供服务，而且可以向更多的机构甚至直接向市场提供服务，从而直接从市场获取回报。例如前面的个人知识表现为专利形式，然后通过专利授权费用的形式获取报酬，就是个人直接跟市场的交换。

随着社会的发展和进步，在知识竞争的时代，竞争已经不仅仅在企业层面展开，也在个人层面进行。每个知识工作者都必须考虑自己的市场价值，并通过与别人协商来提升自己的身价。如果你不满意所在的单位付给你的报酬（薪水、福利、安全感或者休假时间等），而另一个需要类似工作的单位付给你的报酬更多，你会毫不犹豫地跳槽，如果所有单位付给你的报酬都不满意，你很可能选择直接跟市场交换，去自己创业。

对于知识工作者来说，培养个人的市场意识和市场思维十分必要，从市场的角度看，你的雇主就是你的客户，因此你就会通过更努力地工作去满足客户的需要，你就会考虑你知识使用的价值是不是可以提高，你就会考虑如何将你的知识价值最大化。

第三节　提升个人价值的方法

你的知识值多少钱？是你挣的薪水，你的年收入？

如何提升你的价值，如何让你的知识更有价值？

每个知识工作者都关注自己的价值，而知识工作者的最主要资源就是个人知识的学习、保存、传播、使用和创新，那如何提高自己这一方面的价值呢？首先就要弄明白你的知识的价值是由什么决定的。

两个因素决定你值多少钱

个人知识的价值由两个因素决定：

第一个因素是你的知识的独特性。如果你仅仅认识 26 个英文字母，绝对不可能找到一个翻译的工作；如果你仅仅掌握了加减乘除，也没有一个机构敢请你去做会计。现在学历很热，许多人都有硕士、博士的学位，很多人认为如果一个人没有大专以上的学历，就根本没有办法在社会上立足。其实追求学历就是追求知识独特性的表现，现在有许多正在读书的学生热衷于考取各种证书，其本质也是在用证书来证明自己在某领域中知识的独特性。

知识的独特性也分两种，第一种是专，在某个方向上深入，别人都不如我深，所以我有独特性，比如读博士基本上是这个意思。还有一种是博，我既会拍电影又会画画，还会说相声、做木匠，这样的人以综合优势树立自己的独特性。这里有一个例子：

有个人要买鹦鹉，去了商店。

店主介绍说："这只500元，那只1000元，另一只2000元。"

这人问："你的鹦鹉怎么这么贵？那你倒先说说看，这只500元的会做些什么呢？"店主说："这只会操作电脑。"

又问："那这只1000元的呢？"

店主说："这只不但会操作电脑，而且还懂UNIX作业系统。"

"那么这只2000元的呢？"

"老实说，我还真没见过它做过任何事，不过另外两只都管它叫'老板'。"

从本质上讲，这位"老板"具备了整合资源的能力，他可以将许多资源整合在一起，这是他个人知识的独特性。电影导演也是整合资源的典型代表。

那是不是说拥有了知识的独特性就可以提升自己知识的价值呢？在《庄子·列御寇》中讲了一个故事："朱泙漫学屠龙于支离益，单千金之家。三年技成，而无所用其巧。"这就是著名的屠龙术的故事。这个叫朱泙漫的人用三年时间，花费千金，学成了屠龙术，但很可惜"无所用其巧"，为什么呢？因为没有龙，谁也没见过龙。所以他学屠龙术还不如学习杀猪，因为会杀猪也算一种专业技能，起码可以找到一份工作。这就涉及提升个人知识价值的第二个因素。

第二个因素是社会对知识的需求。学习屠龙术的成本不菲，耗资巨大，时间需要三年，金钱需要千金，自然是门好技术，但到哪里去找到龙呢？因为找不到龙，所以这些技术、知识毫无用处。所谓的"男怕入错行"其实就是这个意思，因为这个行当的需求很少，哪怕你有通天的本事，也很难获取较大的成功。

如果你的知识社会没有需求，那么这些知识的市场价值堪忧。当然，如果你的知识是为了陶冶情操、为了修身养性则另当别论了。

如果我们把个人知识的独特性和社会对知识的需求结合起来，就可以形成如下的象限（图8）：

根据个人知识的独特性和社会对知识的需求，不同的人处于不同的象限，其知识拥有不同的价值。

第1象限：个人知识的独特性很差，而且社会对该种知识的需求也较少。

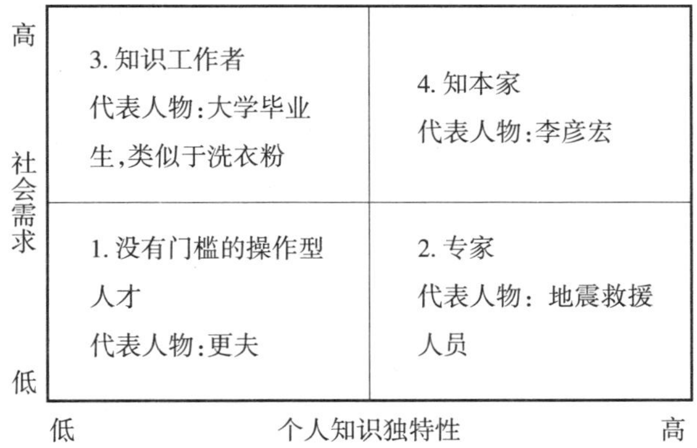

图 8　个人知识独特性与社会需求关系

处于该象限的一个比较明显的例子是在我国一些企事业单位的更夫，随着越来越多的单位聘请了保安，更夫就越来越少，所以对这种人才和知识的需求越来越少。而从实际看更夫的工作，需要哪些知识呢？这种知识对独特性的要求是什么呢？显而易见，做更夫对知识独特性的要求也比较低。这样的结果就是对更夫的需求比较低，该岗位对知识独特性的需求也很低。类似于“更夫”的职位还有很多，都是那些对知识独特性要求较低、需求也很低的地方。例如公共汽车的售票员。

第 2 个象限：个人知识的独特性较高，而社会对这方面知识需求较少。符合该象限工作的一个典型例子就是地震救援人员。如果不是 2008 年的汶川大地震，有多少人知道我国有一支国家级的地震救援队伍呢？地震救援人员的知识独特性不能说不高，我们大部分人不掌握该领域的知识，所以说他们的知识独特性足够高。但是由于地震属于偶发事件，所以这些人只能是做“专家”，只有在需要的时候人们才会想到他们，并且请他们提供服务，向他们寻求帮助。

季羡林先生是著名的国学大师，著名的古文字学家、历史学家、东方学家、思想家、翻译家、佛学家和作家。他精通 12 国语言。他精通的梵文、巴利文等，在当前的中国没有几个人掌握。季先生的学问绝对是高深的知识，独特性极高，但社会需求比较少，所以说季羡林先生是“专家”。

如果社会对一个人的知识需求比较少的话，那么这个人只能向专家的方向发展。在国外，许多读博士学位的人是真正的热爱科学，想在某个专门的知识领域发展、创新。通常情况下，博士学位和学术研究的道路也能使人过上不错的生活，但走这条路并不是能带来金钱、荣誉上很大的收获，而更多的是获得人们的尊重和心理的满足。

第 3 个象限：个人知识具备一定的独特性，社会对该领域知识具有一定的需求。大部分知识工作者都处于这个象限，并且大部分有大专以上的文化水平，但是现在每年毕业的大学生超过 500 万人，在这 500 万的大学毕业生中，谁敢说自己的水平最高？所以其独特性不是最高；社会对大学生的需求也不少，但因为同时受经济条件的影响，并非是无限制的需求。在这种情况下，我们每个人更类似于超市的快速消费品，就像洗衣粉，全国的洗衣粉可能超过几百种，但我们经常买的就那么几种。而且在购买的时候，你会发现，你只选择你了解的品牌。同时，这么多洗衣粉的质量和功能差别很小，在这个时候我们就相信品牌了：选择我们听说过的、了解的、信任的，其他的量再大再便宜我们也不买。这也正是笔者一再强调的知识工作者为什么需要个人品牌的原因。我们每个人都要等待被挑选，被市场挑选、被招聘单位挑选、被你的目标客户挑选，在大家功能、水平差不多的时候，挑选谁和不挑选谁靠什么，主要靠谁有品牌。因此说，知识工作者必须主动有意识地通过共享自己的知识建立自己的品牌。

在中国抗日战争和解放战争期间，一个高小毕业的人就是革命队伍中的知识分子。在 20 世纪刚刚恢复高考的时候，一个本科生的知识就有极高的独特性，就被称为“天之骄子”。在 2009 年，中国已超过美国成为世界最大的博士学位授予国家，加上中国人在国外读的博士学位，导致了现在一个大城市的重点中学招聘教师，拥有博士学位的人都“挤破了头”的现象。所以有人戏称“本科生满地走，硕士生像条狗，博士生的路也不好走”。这种状况说明了单纯依靠学位和证书来证明自己知识独特性的时代已经过去了。

第 4 个象限：个人知识独特性很高，社会对该领域知识的需求很大。如果你在这个象限里，那恭喜你，你成为“知本家”了，想没有价值都不行，想穷都不行，想默默无闻都不行。我们可以看一下百度创始人李彦宏的例子：

在风险投资准备投资百度的时候，都会做相关的调查。由于李彦宏在搜索引擎领域创业，所以投资方列出在全球领域搜索引擎方面的专家，其中前三名中都有 Robin 这个李彦宏的英文名字。由此可以证明李彦宏在搜索引擎方面知识的独特性。

让我们假设一下，如果百度的搜索引擎在1996年上线，结果会是什么样？1996年中国的互联网刚刚开始，当时网络上的中文内容十分有限，而用户则更是少之又少，这时候对百度这类搜索引擎的需求还很少，如果百度当时创业，一定是艰难度日。幸好百度2000年才成立，在其起步阶段主要是向专业和门户网站提供搜索技术服务，后来随着中文互联网的成熟，互联网上信息量越来越多，获取信息的成本越来越高，人们对网页搜索引擎的需求越来越强烈。这时候，百度也发明了竞价排名的搜索引擎盈利模式，此后就顺风顺水：上市、扩张，终于成为中国互联网行业的一支重要力量。

无疑，每个知识工作者都希望自己处在第4象限。但由于专业不同、社会分工不同，所有人都处于第4象限是不可能的。在这里提醒大家，每个人应该避免的是跟风，我们会发现了许多原来上大学选专业时的所谓“热门专业”可能到毕业的时候已经不再“热门”了，而原来许多不热门的专业则在找工作方面比较容易，所以说，社会的需求是在变化的。

让你升值的三个绝招

经过以上对四个象限的分析，如何提升个人知识的价值就比较明确了。下面笔者给出几条简单的建议：

第一，向前看三年。

在一定的社会环境中，对某领域知识的需求强度是我们无法改变的。但我们却可以掌握其中的规律，并利用这种规律。作为知识工作者，必须要有向前看的眼光，不要跟风、赶潮流，如果一味地追赶潮流，那你得到的很可能是残羹冷炙。你最好能找到两三年后社会需求会变大的知识领域，并能在这个领域学习和积累，这样当几年后该领域发展起来的时候你就可以获取高额收益（这个收益是你关注的内容，例如金钱、地位、安全感、尊重等）。但对于大部分在企业里做的人，你没必要也没有能力去预测十年后的社会需求，因为这个社会的变化实在太快了。

第二，持续提高你知识的独特性。

你能读硕士我也能读，你是博士我也是博士。如果个人知识的独特性单靠学历和证书的话，将来会越来越靠不住的，因为这些显性知识或者显性知识较多的学习不具备很高的壁垒，你必须要充分掌握你的行业、你的领域的隐性知识，必须多实践、多总结，这些包含你的经验、体验和操作的知识更难被别人复制，即更具备独特性。

提高个人知识独特性的路径有两条，第一条是在某方向上的专，这是基础，对于学生和处在职业生涯前十年的人而言至关重要，就如同前面所说的，你要在你的领域内达到行业前十名或前一百名的水平，这样无论你做什么都会有保障，都会有较强的竞争力；第二条是整合资源的能力，你能将相关的资源整合起来以发挥出更大作用，这种综合实力更难以复制，创造的价值更大。这里面涉及知识的创新、知识的整合，需要个人远大的目标和眼光来支撑，需要战略决断能力、管理能力和执行能力作基础。

第三，通过知识共享树立你的个人品牌。

同样的商品，有的因为有品牌所以价格会贵，而且销量更大，讲究品质的消费者都会倾向于选择品牌商品，这种趋势将随着社会发展和社会物质文明的提高愈发加强。每个知识工作者其实都要在社会的大环境中推广自己：让别人了解你、信任你并与你合作。在知识独特性差别不大的情况下，谁拥有品牌，谁就会得到更多的机会，所以每个知识工作者都应该打造自己的个人品牌。在第 3 象限中，你我都好像洗衣粉，如果你是拥有品牌的洗衣粉，在同样的知识水平下你的发展机会和薪水待遇很可能就更高。

因此说，共享和传播自己的知识是建立个人品牌的好方法。

第四节　有关知识使用的案例

为什么大学生不如保姆挣钱多

下面是一封 2008 年刚大学毕业的学生给笔者的来信，今征得他的同意，将他来信的部分内容与读者分享。

这位同学的来信（部分）：

“听过您的讲座，知道知识对于现代人的重要性，我也在尝试着对自己的知识进行有效的管理。但事实总是那么残酷，我今年毕业后进了一家在苏州的制造企业，开始在车间实习，薪水为 1 800 元，而我姐姐家保姆的薪水却是 2 300 元（姐姐家在上海）。

在大学的四年里，无论是基础课还是专业课，我都下了工夫去学，没有玩过网络游戏。我想我的知识一定比我姐姐家的保姆多，虽然她比我大十岁左右。可为什么我的薪水却比她低很多，而且工作环境也不好呢？

这个时候，知识的价值在哪里？”

这位同学提出来的问题很有代表性，下面是笔者给他的回信——

祝贺你大学毕业，开始自己的职业征程！

首先，读完大学意味着你站在了一个较高的起点，因为全球各个国家的调研数据都证实：个人的社会收入与其受教育的程度与年限密切相关。一般来说，在学校受到的教育越多，他的收入水平就越高。但你要注意，这个收入水平并非是第一个工作（首次工作）的收入，而是在有生之年收入的总和。从这个角度说，你没必要怀疑知识的价值。更进一步说，这个趋势是一个平均趋势，并非每个受教育程度高的人都要比学历低的人收入高，要是这样的话，小学毕业的李嘉诚可能永远成不了亚洲首富，所以你还需要持续地努力。

其次，大学给了你一定的知识基础，但你的知识更多的是显性知识，这些显性知识还有一个与社会实践相结合的过程，只有将其转化为你的隐性经验和技能的时候才能真正展现知识的价值，这个过程可能需要几年时间。大部分劳动者的收入曲线都是从低到高再低的过程，而因为你的知识基础决定了你达到的高度要比你姐姐家的保姆所达到的高度要高很多，而且是随着时间的前进持续升高，这一点是保姆无法做到的。你在二十二三岁的时候薪水可能才有 1 800 元，但是二十七八岁的时候很可能达到 8 100 元，以后也会持续升高，甚至更多，这是保姆很难达到的。

第三，大学毕业仅仅是给你的高收入提供了一种可能性，要把这种可能性转化为现实，你必须持续地学习，除了学习专业知识外你还要掌握如何与人沟通、如何与人合作的知识和技能，你要学会表达和展示自己，学会将知识与你的工作结合起来，只有这样你的竞争力才能越来越强。在刚刚上班的两三年内，我建议你的眼睛先不要盯着薪水，而要更多地关注你是否能在这个职位上学习、成长，你所学的知识是否有使用的空间，这样才能为你的个人发展打下良好的基础。

祝你越来越好！

同样的知识，价值差距为什么那么大

从普通大学生的角度看，国内企业中华为的薪水和福利无疑是不错的。因为不仅有高的工资，而且还有股权和其他待遇。但2004年西门子公司董事会的一份内部汇报材料中认为，华为的低成本优势主要来自低廉的研发成本。根据这份材料，华为研发人员的人均费用为每年2.5万美元，而欧洲企业中研发人员的人均费用为每年12万~15万美元，大约是华为的6倍；华为研发人员的年均工作时间大约为2 750小时，而欧洲研发人员的年均工作时间是1 300~1 400小时，两者的人均投入时间比为2∶1。

从西门子公司的角度看，我们眼中高工资、高福利的华为是一家低成本的企业。假如世界的劳动力是自由流动的，而且人们之间也没有语言的瓶颈和限制，那么许多华为的工程师一定是舍华为而去西门子了，毕竟后者的工作时间更少而待遇更丰厚。

许多人抱怨自己所服务机构给自己的回报太少，自己付出的知识得不到合理的回报。因为人们不可能自由迁移到自己想去工作的地方，所以同样知识水平和能力的人所获得的回报可能差别很大。即使在同一个城市或者区域内，做同样工作的人的薪水、福利等差别也会很大。对于这样的状况，笔者的建议是换一个环境，这个环境可能是你所在的城市和一个吃不饱也饿不死的单位。笔者曾经见过一位做软件开发的朋友在北京一个月能赚6 000元，而他到了美国某个城市后也是一个月6 000，不过是美元，其实他的知识和能力并没有增长很多。

在当前的国内环境下，由于区域间发展的不平衡，同样的知识在不同的区域使用，会获得不同的价值回报。如果你想提升自己知识的回报率，最简单的方式就是换地方、换单位。但同时也要考虑每个人的价值观和人生目标，你是追求事业上的成功，还是更喜欢与父母朋友待在一起，你是想让自己在知识积累上更快地成长并将自己的知识充分发挥出来，还是追求稳定的工作环境和可预测的未来？当确定了这些因素后，你就应该知道如何去选择。

我有知识，但为什么卖不掉

这是一封来自网友的信，主要问的是关于知识使用的问题，今征得他的同意，在这里与大家一起分享：

“从去年底开始，我和我的一个同学组织了一个软件开发的工作室，主要做管理软件开发工作，客户对象是那些买不起大型软件但又有需求的中小企业。我们刚开始的计划是如果工作室顺利的话，就会注册公司，正式开始我们的创业历程。

现在已经过去了半年多，只做了两个小项目，很少有人来找我们合作。从专业上讲，我们都有大型软件企业的工作经验，而且我们开发的软件价格也不贵。我之前听过您的讲座，也很注重个人品牌的树立，在 CSDN 网站（一个软件开发人员聚集的网络媒体）上，许多人都知道我，也算有一定的知名度，可是为什么我们的业务还很难开展呢？

简单介绍一下我的情况，软件工程专业的硕士，曾服务于国内最大的软件开发企业，做到部门经理。熟悉 ERP、CRM、xxx 等。

我的合作伙伴是我的同学，他有某知名外资企业的经验，是数据库方面的专家。

我的问题是，我们都有知识，而且我们的知识在相应的领域都有较高的独特性，可是为什么却不能带来市场价值呢？”

我是这样回答这个朋友的——

第一，其实你不用着急，创业半年还是起步的阶段。

第二，你和你的合作伙伴的知识独特性都没有问题，社会对你们的知识也有需求。但你们这个单位的人员结构有问题，你们都是技术背景，那么谁去找客户（你为什么要等着客户来找你），如何去找客户，如何让客户知道你们知道？所以你的团队需要市场人员、销售人员，需要他们的知识跟你们的知识协同，才能真正发挥知识的价值！

第三，你还欠缺市场意识。虽然你提到了你有一定的个人品牌，但是你要分析清楚你的个人品牌的对象到底是谁，如果你是某个公司软件开发工程师，那你尽可以在工程师的圈子里建立你的品牌，但现在你的客户是市场，而选购你产品和服务的并非工程师，在市场那里你是“陌生人”，你要考虑如何在市场建立自己的品牌。

第四，出来创业，你们知识使用的方式其实是要将自己的知识产品化或者服务化。你们目前为市场提供的主要是知识服务化，如果想做大，则这种产品和服务必须能够复制，建议你研究中小企业的需求，提炼其中共性的成分，开发出自己的产品。

是否这个例子对你也有所启发呢？有知识而不能使用的原因，除了外部环境因素外，许多时候是因为缺乏协作，因为单纯的某个领域的知识是很难发挥作用的。

第六章

创新知识

最高层次的竞争是不竞争，是通过创新颠覆原来的模式。学会知识创新后，你就可以超越竞争。其实创新并不神秘，我们每个人都做过也一直在做，那么为什么不做得更好一些呢？

第一节 知识创新很简单

佛教禅宗里有一句话“凡墙都是门”，只要你创新，所有竖在你面前的墙都可以通过。如果不能创新的话，在你跟前的是一扇门也过不去。

——海尔集团总裁张瑞敏

在我国，创新是最热门的词汇之一。自主创新、创新型城市、创新企业、创新型团队等。这反映出人们已经认识到了创新的作用，但是因为缺乏创新，我国的企业多次被国外同行告上法庭；因为缺乏创新，造成“山寨”产品泛滥；因为缺乏创新，我们只能低水平地重复，甚至只能以牺牲环境、资源为代价进行发展。

虽然人们都认识到了创新的重要性，但什么是创新，如何创新在大部分人心目中却是比较模糊的，大多数人都认为创新不可捉摸，没有规律可循，是国家、社会和企业层面的事情，与自己无关。创新学的大师熊彼特认为，所谓创新就是要“建立一种新的生产函数”，即“生产要素的重新组合”：把一种从来没有的关于生产要素和生产条件的“新组合”引入到生产体系中，以实现对生产要素或生产条件的“新组合”。著名管理学大师德鲁克（Peter F. Drucker）认为：“创新是赋予资源以创造财富新能力的行为，创新确实创造出资源，人们在自然界发现某种有用物并使其产生经济价值之前，并没有‘资源’这样一种东西。通俗点理解，创新就是对原有资源的重新组合。从这个角度看，创新与发明有所不同，发明包括创新的意思，但创新覆盖的范围要比发明广很多，包括引入新事物、制造新变化都是创新。例如把蒸汽机安装在渔船上，渔船有了蒸汽的动力；如果安装在火车上，就是蒸汽机车，这都属于创新。

江泽民同志说过：“创新是一个民族的灵魂，是一个国家兴旺发达的不竭动力。”其实创新不仅对于国家至关重要，对于企业来说同样也是一个企业生存和发展的持续推动力，创新也是个人提升自我竞争力、建立个人竞争优势的最重要力量源泉。所有的创新基础都是知识的创新，而所有的知识创新都是人的创新。人是知识使用、创新和学习的载体，离开了知识工作者，知识创新将不可能实现。

知识创新是基础

创新包括的范围很广，除了技术创新外，还包括制度创新、流程创新、产品创新和组织创新，但所有创新的前提都是知识的创新和创造，只有有了知识的创新和创造，才会有新技术、新制度、新流程和新产品的出现，所以说知识创新是所有创新的基础。

史蒂芬·柯维在《高效能人士的七个习惯》中提到“任何事物都是两次创造而成。我们做任何事都是先在头脑中构思，即智力上的或第一次的创造（Mental/First Creation），然后付诸实践，即体力上的或第二次的创造（Physical/Second Creation）”。柯维的理论正说明了任何创新都需要先有知识上的创新。当你想要建造一所创新的建筑时，必须是先要在头脑中创新出房子的设计，并将这些创新用施工人员能理解的语言（图纸）传递给他们，然后才能去实施。

1993年著名的战略研究专家Debra M. Amidon Rogers首次提出“知识创新”的概念，她认为知识创新是指一种新思想产生、深化和交流并应用到产品或服务中去，以促使企业获得成功，国家经济活力得到增强，社会取得进步的活动。所谓知识创新是指产生新知识并将新知识投入到实践中从而获得效益的过程。在知识创新的过程中，新知识是以知识积累和传承为基础的，必须站在前人累积知识的基础上；创造出来的知识必须能够付诸实践，帮助企业、国家和社会进步和成功。

相对于其他创新，知识创新具有以下几个方面的特征：

第一，创新价值体系（而不是价值链）——价值链的思想是线性的和静态的，而创新价值体系是动态的，它展现了成功创新所需要的所有相互依赖关系。

第二，战略商业网络（而不是战略商业单位）——战略商业单位的管理倾向于建立各自的知识储备，而战略商业网络鼓励创新过程中知识在合作者、客户、供应商、科研机构和竞争者之间的流动。

第三，合作战略（而不是竞争战略）——竞争战略产生输赢结局，一方市场份额的扩大必然以另一方市场份额的减少为代价，而合作战略鼓励通过合作关系建立双赢环境，使知识得到发展，竞争双方都有利可图。

第四，消费者潜在需求（而不仅仅是当前需求）——满足市场当前需求是企业生存之本，着重于消费者的潜在需求则有助于发掘未来的市场需求，挖掘新源泉可以赢得未来的成功。

创新的“三性”

知识创新必须拥有三种特性：新颖性、实用性和可行性。在这三种特性中，如果缺乏新颖性，不能被称为创造；虽然新颖，但缺乏实用性，这样的创新没有价值，得不到社会认可；即使具备新颖性和实用性，但可行性太差的创新也无法真正被应用到社区的实践中。

（1）新颖性

这里说的新颖并非一定是翻天覆地的变化（当然翻天覆地的变化是一种重大的创新，例如爱因斯坦的相对论就是对原有理论的重大颠覆），而只要在某个较小的范围和领域内，以前人没有的视角和方法解决问题就是创新。即使这些视野和方法本身不一定是新的，但是借用到从来没有用过的领域中就成为创新。

例如家庭用的自动烤面包机，最早是由日本松下公司的工程师开发出来的。如果去分析面包机的构造，其实很简单，包括装面粉和水的锅、自动搅拌面粉的搅拌器、烘烤电炉和定时器。这些东西在任何一个食品企业都是司空见惯的部件，但把它们组合到一起就诞生了一个方便人们使用的机器，这就是一项了不起的创新！

（2）实用性

人们常说，一棵树上没有两片相同的叶子，这说明每片叶子都有自己的新颖性。某知识产权的专家开玩笑说，天空中每块云的形状都可以申请实用新型的专利，因为每一块都不一样。但在现今的情况下，树上的每一片叶子和天空中每一块云到底有什么用呢？

拥有新颖性但缺乏实用性的东西不能被称作创新。创造出来的东西必须要能满足人们当前或者潜在的需求，许多所谓的“创新”都是听起来很好，但用起来基本没用，这样的创新不要也罢。“需求是创新的最大动力”，所以我们在创新的时候一定要从需求开始（这些需求既可能是显性的也可能是隐性的，是当前的或者潜在的），绝对不能天马行空，只考虑新颖而不考虑实用性。

(3) 可行性

现在的食品机械有面包机、馒头机、饺子机、榨汁机等，假如有人想创新一个既可以炒菜又可以做饭，还可以包饺子、煮粥、酿酒……再拓展一点，甚至可以给你打扫厨房、刷碗的多功能机械，你觉得具备可行性吗？

在目前的技术条件下，估计大部分工程师都会被这个需求给吓倒，因为没有人能够实现。对于致力于这种创新的人，不能不说其目光远大，但从另一个角度看也许是在浪费精力。

衡量一项“创新”是否是真正的创新，取决于该项创新的新颖性、实用性和可行性。在实际生活中，有许多学者和科学家提出了不少具备新颖性的创意，但是由于缺乏实用性或者可行性而无法转变成真正的创新。所以，在个人做知识创新的过程中，除了要像科学家那样思考以外，你还需要有像市场或者销售人员那样对客户需求的敏锐反应，即必须具备实用性，才能真正满足人们的需求。此外，你还要了解工程师的相关知识，这关系到创意到底能否实现，成本是不是合适。总之，只有符合了这“三性”的创新才能真正产生价值。

摆脱惯性思维，知识创新很简单

首先请看下面这两个问题：

测试题一：

有两位骑手分别骑上自己的马进行比赛，但比赛的却是谁的马跑得慢。这可和以往的经验太不一样了，于是两位骑手只好很难受、慢慢腾腾地赛起马来。如何才能取胜呢？一位智者传授给他们一个赛马的妙计。稍后，两位骑手经过商量，便扬鞭催马，一溜烟打马迅速跑起来。

请问，这位智者传授了什么妙计呢？

测试题二：

有一家人去找出租房，全家三口，夫妻两个和一个5岁的孩子。他们看到一则出租广告，就赶紧跑去。房子很好，然而房东却说：“我们公寓不租给有孩子的住户。”

夫妻俩听了，大失所望地走开了。5岁的孩子把一切看在眼里，又返回去敲房东的大门。门打开了，孩子说："……"房东听了之后，高声笑了起来，决定把房子租给他们。

请问：这位5岁的小孩子说了些什么，终于说服了房东？

注意，两道测试题需要的知识普通人都掌握，目的是测试你是否能够活学活用个人知识。做这两道测试题时你不能拘泥于自己的惯性思维，否则你是得不到答案的。

下面我们来看看答案：

第一个问题的答案是，两位骑手各骑上对方的马。

第二个问题的答案是，5岁的孩子说："老爷爷，这个房子我租了。我没有孩子，我只带来两个大人。"

在第二个测试题中，如果你是孩子的父母，一定会按照人的习惯性思维方式作出反应，不外乎出高价，苦苦求情或者夸耀自己的孩子非常听话。但这三个方案都不能解决问题。然而5岁的孩子却不会考虑这些。他考虑问题的焦点从父母带孩子，转向孩子带父母，这样就轻而易举地把问题解决了。

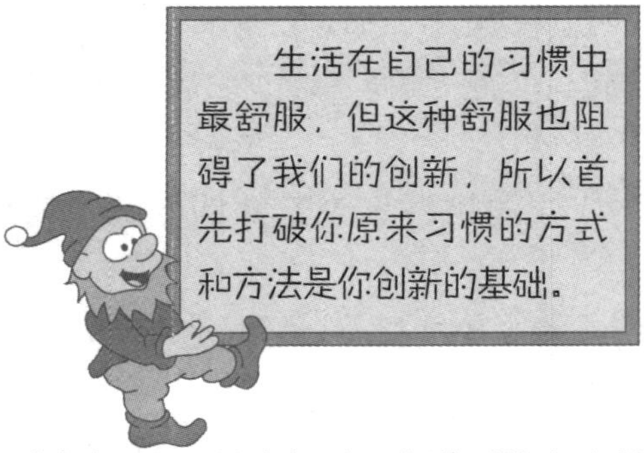

答案看完了，可能你会觉得这只不过是一种小技巧。这些知识我们都掌握，但是由于我们的习惯性思维，在某些情况下我们无法将知识投入到实际的应用中。知识在原来没有使用的地方使用上，这是知识创新中的一种。同时，这也是我们后面会讲到的右脑利用中的一种方法。许多时候，创新的最大制约就是原来固有的思维定式和思维框架，我们考虑问题都是在原来的圈子里面，因为无法突破出来也就无法创新。一个典型的例子是，在某个发明家设计汽车的时候，在如何调整汽车的方向上，他最早想到的办法是给汽车装上缰绳，希望像赶马车那样用缰绳调整汽车的转向。

蔑视一切不可能

人人都有知识创新的能力，而知识创新也并没有听起来那么神秘，许多时候只是一张等待捅破的窗户纸，就看谁能找到这张纸，并勇敢地捅破它。

“当我23岁的时候，我就做过这么一个梦。我猛地醒来，我想：如果我能把整个互联网下载下来，仅保存着链接……于是我抓起一支笔开始写，有时候从梦中醒来是非常重要的。我花了一个午夜的时间描绘了细节，并确信它将有所作为。不久后，我就告诉我的导师特里·温诺格拉德，要花两周时间下载整个网络，当时他点了点头，其实他完全知道这要花更长的时间，但他很睿智，并没有告诉我。年轻人的乐观主义通常不可低估，令人吃惊的是，我没有想过要打造一个搜索引擎。这一概念甚至没有进入我脑海。但后来，我突然想到了更好地给网页排序的方式，以形成真正的搜索引擎，谷歌就这样诞生了。”

以上是Google创始人拉里·佩奇描述其创造Google商业模式的文字，他认为创新的一个重要前提是：蔑视不可能。敢于“蔑视不可能”就可以找出解决方案，关键是你有没有有意识地去想并脚踏实地地去追求你的梦想。如果缺乏这样的动力，即使创新就在你身边，你也可能很难发现。

第二节 知识创新的发动机

学习是创新的前提

“知识工作者90%以上的创新其实是重复工作，因为这些知识已经在其组织内部和外部存在了。”

——IDC报告

IDC报告中的数字引起我们的深思，许多时候在你认为自己是创新的时候，可能早在几年前就有人做过，这个人可能就是你旁边的同事或者社会上的相关机构。这就提示我们：在创新之前你要广泛学习，要掌握尽量多的背景知识、行业进展和你所在领域的前沿状况。学习无疑是成本最低的方式，如果你能从书籍、论文、互联网、同事、同学、朋友中得到相关的知识，将极大降低你创新的成本。

同时，我们所在的组织也应该进行有效的知识管理，只有将以往的经验、教训和积累的知识传递给员工，员工才能抽出有限的精力去做“真正”创新的工作。但现实是，即使在一个企业内部，许多时候因为没有良好的知识管理基础，错误多次重犯，教训和经验都无法传承，真正的创新也无法涌现，所谓的“创新”其实只是低水平的重复。

美国的教育体系中对于博士学位的候选人有一个要求，就是对人类的知识有所贡献，所以5年博士的时间要有大半花在对人类已有知识的了解和掌握上。我们在知识创新上也应该有这种精神，首先了解曾经发生过什么，有过什么样的实践、观点和方法，只有充分掌握这些内容，你的创新才更有价值。

需求是创新的最大动力

这是一个在网络上流传甚广的故事，我们暂且不论它的真假：

某知名日化公司引进了一条香皂包装生产线，结果发现这条生产线有个缺陷：常常会有盒子里没装入香皂。总不能把空盒子卖给顾客啊，他们只得请了一个学自动化的博士后设计一个方案来分拣空的香皂盒。博士后拉起了一个十几人的科研攻关小组，综合采用了机械、微电子、自动化、X射线探测等技术，花了几十万，成功解决了问题。每当生产线上有空香皂盒通过，两旁的探测器会检测到，并且驱动一只机械手把空皂盒推走。

中国南方有个乡镇企业也买了同样的生产线，老板发现同样的问题后大为光火，找了个小工来说：

“你要赶快把这个搞定，否则就炒你鱿鱼!”

小工很快想出了办法：他花了90块钱买了一个电扇，然后通过调整电扇与生产线的距离，让电扇的风正好可以把空盒子吹走而不至于吹动装好香皂的盒子，90块钱的成本也同样解决了问题。

不同的人对这个故事有不同的解读，但是如果从创新的角度讲，这个故事中的博士后和小工都完成了该项工作：去掉没有装香皂的空盒子。因为乡镇企业的需求是以极低的成本解决的，所以该小工的方法更有创新性。与这个故事类似的还有美国研究太空用圆珠笔的故事，美国因为有这方面的预算，所以投入了大量的人力物力去解决圆珠笔在太空无法书写的问题。而前苏联相关机构却没有该笔预算，在这种约束下他们更关注“书写”问题的解决之道，于是采用了铅笔。

什么是需求，问题和约束条件构成了对创新的需求。因为要解决具体的问题，所以人们要设计相关的解决方案；因为有相关的约束条件，所以需要人们去创新。列宁说过“社会的需求超过十所大学对科学的推动作用”，人类满足各种需求的过程也是社会知识创新的过程。为了满足人们出行的需求，人类发明了马车、火车、汽车、飞机；因为能源的有限性（对出行需求的约束），汽车生产企业不断进行降低油耗的知识创新。相信在不远的将来，这种创新将会找到汽油的替代品，而这个领域也正是全球汽车领域知识创新的热点。

美国麻省理工大学斯隆商学院与瑞士国际管理发展学院合作的“战略创新驱动计划”发现，创新的最大动力“来源于未被满足的需求：这完全和我们自己或我们的产品无关。其实，任何创新需求都源于顾客对性能表现更加出色的渴望：运转更快（交通工具），播放曲目更多（音乐播放器），金属含量更低（生活用品），摄入脂肪更少（食品饮料等）。因此，自认为客户喜欢我们就是在欺骗自己。顾客喜欢获取更多，我们只不过是让他们满足的工具。太多时候，我们允许形式（产品设计、制造、营销的方式）优先于顾客真正的需求——他们渴望的是更加优异的性能”。

如果知道需求是你知识创新的最大动力，那么你就应该知道如何去创新了：找到需求、发现需求、挖掘需求！

需求哪里来

许多人从来没有进行过知识创新，并非是因为其缺乏知识创新的能力，而是因为他没有知识创新的动力——对于他来说缺乏知识创新的需求。

知识创新的需求一方面来自外部的压力，因为艰苦和恶劣的环境，因为不创新就无法生存，所以生存的需求逼迫人去做知识创新，力图通过知识创新生存和发展，“艰难困苦，玉汝于成”说的就是这个意思。这也是为什么许多有大成就的人都是在困难的环境下成长起来的原因之一，相对来说，那些条件比较好的人则成就较少。

知识创新的更重要需求来自于人的内心：对理想的激情与追求，对个人梦想的执著。每个人在追寻理想和梦想的路上都充满了坎坷和崎岖，为了实现自己的理想和梦想，就需要自己去克服一个接一个的困难，解决无数的问题，而这些问题其实就是个人发展中的“需求”!

有这样一个流传很广的故事：

有个人经过一个建筑工地，问那里的建筑工人们在干什么，三个工人有三个不同的回答。

第一个工人回答：“我正在砌一堵墙。”

第二个工人回答：“我正在盖一座大楼。”

第三个工人回答：“我正在建造一座城市。”

10 年以后，第一个工人还在砌墙，第二个工人成了一个建筑工地的管理者，第三个工人则成了这座城市的领导者。

可以看出，不同的追求造就了不同的人生际遇。这个追求就是创新的“需求”，因为有追求，即使没有困难的外部环境，人也可以依靠自己的理想来激励自己创新。因为没有理想，许多人沉溺于自己的现状，认为自己已经足够好、足够优秀、足够快乐，或者虽然有理想但没有强烈的追逐理想的愿望，或者因为个人的惰性而缺乏追求，这样的人是不可能有知识创新的。

知识创新的“三心二欲”

要进行知识创新，除了要了解历史上知识的积累，利用需求的拉动作用外，还需要知识工作者心中的动力和习惯，包括知识工作者的好奇心、怀疑心、进取心和求知欲、创新欲。

(1) 好奇心

好奇心是知识创造的起点、动机和驱动力。人类的创新表明，好奇心可以帮助人们捕捉创新机会、选择创新方向、激发创新思路、驱动创新活动。烧开的水蒸气会将壶盖顶起，这是每个人都可以观察到的现象，但只有瓦特感到十分好奇并去探究其中的原理，从而发明了开启工业时代序幕的蒸汽机。

著名管理学家和心理学家马斯洛说过“善用榔头的人往往认为所有的东西都是钉子”，因为成年人大都生活在自己的思维定式中，往往缺乏了好奇心，就想当然地认为世界就是“我们已经看过的世界”，因此对创新的机会熟视无睹。

(2) 怀疑心

心理学的研究证实，普通人都倾向于信任权威和专家而不敢质疑，所以怀疑心对于知识创新是极端重要的。没有疑问就不会有创新，爱因斯坦如果不怀疑牛顿的经典力学体系，就不会发现相对论；Google 如果不怀疑 Yahoo 的分类式目录搜索，就不会建立全球最大的搜索引擎公司。

怀疑心对于知识工作者的个人成长和发展极端重要，每个人都必须有自己独立判断的精神而不是盲从，否则就会失去学习和创新的热情和动力。

(3) 进取心

如果一个人没有进取心，就将失去前进的动力，也就不会发掘出知识创新的需求，创新不能进行和持续。所以，一个优秀的知识创新者一定是一个有强烈进取心的人，因为自我发展意识比较强，他就更愿意去尝试、去追求，为了完成个人的目标，他就必须去创新。

(4) 求知欲

创新不是坐井观天，“自己认为自己创新”，而必须是在对人类知识掌握的基础上，站在巨人肩膀上的创新。善于创新的知识工作者一定是善于学习、求知欲强的人，他们渴望了解和掌握人类历史的知识积累，用知识武装自己的头脑。

因为掌握已知，他们更勇于探索未知，主动去创新。

(5) 创新欲

因为不满足于现在的思想、观点、方法或者产品、方案的功能特性，总想在现有的基础上标新立异、推陈出新的欲望就是人的创新欲。拥有创新欲的人总是一再地问“为什么是这样，能不能更好”、“能不能改一改”等，他们不喜欢循规蹈矩，总想去改变。

第三节　左脑＋右脑助力个人知识创新

我思考问题时，不是用语言进行思考，而是用活动的跳跃的形象进行思考，当这种思考完成以后，我要花很大力气把它们转换成语言。

——爱因斯坦

人类最大的浪费

迄今为止，人类最大的浪费可能是对大脑功能的浪费：大自然给人类如此精密、强大的大脑，但我们仅仅利用了很少的部分。人脑细胞有 140 亿 ~160 亿个，爱因斯坦的大脑被利用了 3%，而现代医学证明，再聪明人的大脑，一生的使用率也不会超过 10%。人大脑里储存的各种信息，相当于美国国会图书馆的 50 倍，即 5 亿本书的知识。

大脑分为左脑和右脑，左脑负责身体右侧的基本功能，而右脑负责身体左侧的基本功能。左右脑之间由神经纤维相连，左脑负责语言、阅读、书写及逻辑、推理和计算的能力；右脑则有图形、空间结构的构思能力，音乐欣赏能力及形成非言语性概念的能力。所以右侧身体偏瘫的病人证明左脑受到了损伤，该类病人经常出现失语现象（因为左脑负责语言），而左侧身体偏瘫的人则很少失语。大部分人主要是使用人体右侧的功能，所以左脑受到更多的锻炼，被开发和利用得更多，而右脑的开发和利用则较少。

美国学者托马斯·布莱克斯利甚至认为，人类几千年的文明史，已经在思维方式上经历过两次重大的革命。第一次是在原始石器时代的"左脑革命"，即以语言文字的逻辑化思维充实直接自然的直觉式形象思维；第二次是在 20 世纪 50 年代的"计算机革命"，这扩展了人类抽象的逻辑思维能力，是"左脑革命"的进一步延伸。21 世纪，人类正进入第三次革命——右脑革命时代，即吸收前两次革命的成果，形成"人、机之间实现新型的协同关系"，要使计算机与人的左脑和右脑三者之间形成一种"三向合作关系"。右脑具有产生直觉突破的创造性，并且协同左脑在逻辑判断方面的功能，为计算机编制卓越的程序，从而通过计算机完备的准确性和比人脑快过上百万倍的运算速度，使大脑的功能得到无限的延伸，创造出更加丰富多彩的文明。

通过对左右脑的分析，我们可以看出爱因斯坦的思维模式是先用右脑进行创新思考，然后再用左脑转化成语言表达出来，左右脑共同发挥作用。但是在我们现今的社会中，普通人大都是主要利用左脑的功能。

右脑是创新的源泉

在日常生活中，我们经常说“左撇子”比较聪明，本质上是因为“左撇子”比我们普通人更多地锻炼了右脑的功能。

我们会发现有不少伟大的科学家都有音乐方面的天赋，爱因斯坦6岁就开始学习小提琴，稍大一些后他又学习了弹钢琴。爱因斯坦与小提琴总是形影不离，他几乎没有一天不拉小提琴，演奏音乐简直成了他的“第二职业”。不管旅行到哪里，甚至连参加科学会议，他都不忘随身携带琴盒。从这里可以看出爱因斯坦对音乐的热爱。“杂交水稻之父”的袁隆平的音乐水平达到了可以与知名音乐家合奏的程度，而著名科学家李四光也写过小提琴独奏曲。无可否认，这些伟大的科学家都从音乐中汲取了养分，他们都是充分使用右脑的人。从20世纪80年代起，著名物理学家、诺贝尔奖获得者李政道每年都要到北京组织“科学与艺术研讨会”，其中一项重要内容就是请黄胄、华君武、吴冠中等知名画家“画科学”，用形象思维和图形图像的表现手法揭示科学的规律，促进知识的创新；钱钟书先生的记忆力更是被誉为“照相机式”记忆。其实人脑的大部分记忆都是将情景以模糊的图像存入右脑，就如同录像带的工作原理一样。记忆完成后的思考就是左脑一边观察右脑所描绘的图像，一边将其符号化、语言化的过程。

从大脑功能的角度看，所谓创新就是将大脑中那些被认为毫无关系的信息和知识联结起来。这种并不关联的信息和知识之间距离越大，把它们联系起来的设想就越新奇。如果右脑功能足够强大，其直观的、综合的、形象的思维机能可以充分发挥作用，并且与左脑很好地配合，就会有源源不断的创意产生出来，从而成为创新的基础。

由于主要负责直观的、综合的、几何的、绘画的思考认识和行为，右脑承担的形象思维功能在人的思维活动中起着至关重要的作用，其形象思维并非用语言表述的思维方式，而是一种脱离语言躯壳的自动的关联。左脑的逻辑思维和推理是依据现有知识和理论框架的推理，并不直接产生新知识。

但是很不幸，我们的教育模式的主要内容是左脑教育，很少发挥右脑的作用，甚至可以说是在某种程度上扼杀右脑型人才，这样就造成我们培养的人才都是继承有余而创新不足的结果。由于现行教育体制等原因，我们的教育仍然强调“填鸭式”的死记硬背和应试教育，过分强调掌握语言、逻辑分析、数字处理的作用（这些都是左脑的功能），而负责形象思维的右脑则被闲置起来。学历越高，受到的左脑锻炼越多，而右脑能力越差，所以我们最终培养的是那些听话、照章办事但缺乏应变和创新能力的人，这些人才长于逻辑思维却贫于形象思维，过于理智却缺乏想象，知识丰富却难以进行知识创新。

当前，我们每个中国人看上去都很忙。但忙的大多是左脑，而右脑却相对很清闲。著名管理学家、全国人大原副委员长成思危曾经做过一个形象的比喻：在知识社会里，就有两类国家：一类是“头脑国家”，一类是“躯干国家”。“头脑国家”是产生知识、输出知识的。“躯干国家”是接受知识、运用知识的。在现阶段，中国还是一个“躯干国家”，所以我们的数亿件衬衫才能换一架飞机，所以我们以牺牲环境和低廉的劳动力生产一双鞋子才赚一美元。如果一个国家的知识产量很少，是很难谈到输出知识的。如果不能迅速全面转变为知识创新的国家，我们的国家竞争力将无法在实质上提升。有“头脑”的国家需要有“头脑”的人才，成思危指出，无论是科技的竞争还是经济的竞争，归根结底是人才创新能力的竞争，而目前看我国的教育在培养创新人才方面是有一定不足的。

开发右脑，左右开弓

既然右脑是知识创新能力的源泉，那么我们如何开发右脑呢？

许多创新在起始的阶段都是思维中的直觉、一闪念起着关键的作用，而这个过程也大都是右脑直观、综合和形象思维的技能发挥作用，左右脑密切配合，将之前不相关的信息和知识关联，从而进行有效的创新。因此，创新必须是在左右脑结合的基础上对右脑功能的充分利用。我们强调右脑的重要性，并非要用右脑取代左脑的功能，而是要左右脑协调发展，通过二者不同的分工真正构建完整的思维创新活动。

“姚明人气高，不仅使美国人，更让全世界的球迷都沸腾。关键是他能动脑筋打球，特别是善于用右脑打球。”这是美国《商业周刊》对“中国姚”的评论。

那么作为知识工作者该如何开发自己的右脑呢？首先是认识上的问题，创新不可能都是逻辑推理的结果，所以你要认识到直觉思维、形象思维的重要性，不能沉迷于逻辑推理而看不到右脑的价值。

你也可以通过一些练习提升你的右脑功能：

练习一：音乐训练法调动想象力。

在一个幽静的环境中，让自己的心灵放松下来。选择一段舒缓的音乐，沉入音乐的氛围，然后想象音乐表达的景象。

在想象的时候尽量不用语言，而是用图像来填充你的大脑。

音乐、美术等艺术形式的欣赏是对人右脑的激发和锻炼，养成欣赏音乐和美术的习惯对于锻炼右脑机能很有价值。

练习二：发散联想促进发散思维形成。

抽出两个小时时间，找出你身边的一个物品（指甲剪、手机、一个水果或者其他东西），然后思考其可能的用途。

据说想象力丰富的人可以为曲别针说出 3 000 种甚至 30 000 种，那么你就尽情发挥你的联想吧。

练习三：词汇情景联想训练让你的思维走得更远。

随手拿张当天的报纸或者随便打开一个网页，在一个版面的标题或文章中随意扫一眼，选出一个词汇，动作要快，不需要仔细考虑和分析如何选择，保证选择的随机性。共选出三个不同版面和网页的三个词，然后将三个词联系成一段有意义的话并为其想象一个场景。

例如“手册”、“笑谈”、“平台”这三个词，你可以连成一句什么样的话，其场景是什么样的？

本练习可以在熟练之后增加词的数量，使难度逐渐加大。

第四节　知识创新工具介绍

奥斯本检核表法

亚历克斯·奥斯本（Alex Faickney Osborn，1888.5.24—1966.5.4）：创造学和创造工程之父，头脑风暴法之父。他在 1941 年出版的《思考的方法》中提出了世界上第一个创新发明技法。在 1941 年出版的世界上的第一部创新学专著《创造性想象》中，他又提出了奥斯本检核表法，此书的 4 亿册销量曾经一度超过《圣经》的销量。

奥斯本检核表法是指以该方法的发明者奥斯本命名，引导个人在创新的过程中对照 9 个纬度问题进行思考，从而启迪思路，开拓思维想象的空间，促进产生新设想、新方案的方法。通过奥斯本检核表法可以较好地解决个人知识创新中思考的随意性和片面性，奥斯本检核表的内容基本覆盖了大部分创新中应该考虑的内容，从而真正提高知识创新的效率。许多人没有创新的原因就是没有需求和动力，而奥斯本检核表为个人知识创新提供了一个动力，因为只有能回答完 9 大类 75 个问题，你才算对事物和方案有了更深入的理解，可以有效克服思维的惰性。

大部分人的思维总是自觉或不自觉地沿着长期形成的思维模式来看待事物，对问题不敏感，即使看出了事物的缺陷和不足，也懒于去进一步思索，不爱动脑筋，不进行积极的思维，因而难以有所创新。因为检核表法的设计特点之一是多向思维，用多条提示引导你去发散思考，所以检核表法使人们突破了不愿提问或不善提问的心理障碍，在进行逐项检核时，强迫人们进行思维扩展，突破旧的思维框架，开拓创新的思路，从而有利于提高发现创新的成功率。

（1）运用奥斯本检核表法进行创新活动的实施步骤是：

第一，根据创新对象明确需求（需要解决的问题和约束条件）。

第二，根据需求，参照表 7 中所列问题，发挥个人想象力，强制性地逐条讨论核对，并记录从中产生的新设想。

第三，对新设想进行筛选，选择最具价值和创新性的设想，倾听更多人意见并付诸实践。

（2）运用奥斯本检核表法的注意事项：

第一，逐条检核，不要遗漏。

第二，多次检核，你会发现每次的收获都不同。经过反复检核，容易更准确地找出需要创新和发明的方面。

第三，检核每项内容时，要尽可能地发挥自己的想象力和联想力，以产生更多的创造性设想。进行检索思考时，可以将每大类问题作为一种单独的创新方法来运用。

第四，检核方式可以根据需要安排，可以 1 人检核，3~8 人共同检核也可以。集体检核可以互相激励，产生头脑风暴，更有希望创新。

奥斯本检核表法包括 9 大类 75 个问题（表 7），奥斯本检核表法属于横向思维，以直观、直接的方式激发思维活动，操作方便，效果较好。9 类问题对于任何领域创造性地解决问题都是适用的，同时这 75 个问题不是奥斯本凭空想象出来的，而是他在研究和总结大量近、现代科学发现、发明、创造事例的基础上归纳出来的。

表 7　奥斯本的检核表法

检核项目	含　义
一、能否他用	现有的事物有无其他的用途；保持不变能否扩大用途；稍加改变有无其他用途。 包括三个问题： 1. 有无新的用途? 2. 是否有新的使用方法? 3. 可否改变现有的使用方法?
二、能否借用	能否引入其他的创造性设想；能否模仿别的东西；能否从其他领域、产品、方案中引入新的元素、材料、造型、原理、工艺、思路。 包括五个问题： 4. 有无类似的东西? 5. 利用类比能否产生新观念? 6. 过去有无类似的问题? 7. 可否模仿? 8. 能否超越?
三、能否改变	现有事物能否做些改变，如颜色、声音、味道、式样、花色、音响、品种、意义、制造方法；改变后效果如何? 包括八个问题： 9. 可否改变功能? 10. 可否改变颜色? 11. 可否改变形状? 12. 可否改变运动? 13. 可否改变气味? 14. 可否改变音响? 15. 可否改变外形? 16. 是否还有其他改变的可能性?

续表

检核项目	含　义
四、能否扩大	现有事物可否扩大适用范围；能否增加使用功能；能否添加零部件，延长它的使用寿命，增加长度、厚度、强度、频率、速度、数量、价值。 17. 可否增加些什么? 18. 可否附加些什么? 19. 可否增加使用时间? 20. 可否增加频率? 21. 可否增加尺寸? 22. 可否增加强度? 23. 可否提高性能? 24. 可否增加新成分? 25. 可否加倍? 26. 可否扩大若干倍? 27. 可否放大? 28. 可否夸大?
五、能否缩小	现有事物能否体积变小、长度变短、重量变轻、厚度变薄以及拆分或省略某些部分（简单化）？能否浓缩化、省力化、方便化、短路化。 29. 可否减少些什么? 30. 可否密集? 31. 可否压缩? 32. 可否浓缩? 33. 可否聚合? 34. 可否微型化? 35. 可否缩短? 36. 可否变窄? 37. 可否去掉? 38. 可否分割? 39. 可否减轻? 40. 可否变成流线型?
六、能否代替	现有事物能否用其他材料、元件、结构、力、设备、方法、符号、声音等代替。 包括十个问题： 41. 可否代替? 42. 用什么代替?

续表

检核项目	含　义
六、能否代替	43. 还有什么其他的排列? 44. 还有什么其他的成分? 45. 还有什么其他的材料? 46. 还有什么其他的过程? 47. 还有什么其他的能源? 48. 还有什么其他的颜色? 49. 还有什么其他的音响? 50. 还有什么其他的照明?
七、能否变换	现有事物能否变换排列顺序、位置、时间、速度、计划、型号；内部元件可否交换。 包括八个问题： 51. 可否变换? 52. 有无可互换的成分? 53. 可否变换模式? 54. 可否变换布置顺序? 55. 可否变换操作工序? 56. 可否变换因果关系? 57. 可否变换速度或频率? 58. 可否变换工作规范?
八、能否颠倒	现有的事物能否从内外、上下、左右、前后、横竖、主次、正负、因果等相反的角度颠倒过来用。 包括七个问题： 59. 可否颠倒? 60. 可否颠倒正负? 61. 可否颠倒正反? 62. 可否前后颠倒? 63. 可否上下颠倒? 64. 可否颠倒位置? 65. 可否颠倒作用?
九、能否组合	能否进行原理组合、材料组合、部件组合、形状组合、功能组合、目的组合。 包括十个问题： 66. 可否重新组合? 67. 可否尝试混合?

续表

检核项目	含　义
九、能否组合	68. 可否尝试合成？ 69. 可否尝试配合？ 70. 可否尝试协调？ 71. 可否尝试配套？ 72. 可否把物体组合？ 73. 可否把目的组合？ 74. 可否把特性组合？ 75. 可否把观念组合？

思维导图激发创新

我们已经知道要充分利用自己的右脑来促进创新，而思维导图是辅助利用右脑的工具之一。思维导图也叫心智图或者脑图，是由英国著名大脑和学习方面专家托尼·巴赞（Tony Buzan）创造的，其本质是充分利用人类左右脑的机能，以放射性思考（Radiant Thinking）为基础，协助人们平衡科学与艺术、逻辑与想象，进而促进人们的学习和创新。思维导图可以帮助个人激发联想与创意，整理零散的智慧资源。它用图形、图像的形式充分刺激和激发大脑的潜能，可以让你的左右脑都能充分发挥作用，包括词汇、图像、数字、逻辑、韵律、颜色和空间等多个方面的感知。

在制作思维导图的过程中，可以有效激发人们左右脑的功能，因为制作思维导图除了使用与逻辑和语言有关的思考外，还要更多地使用到颜色、各种形状和想象力，这些都是右脑的功能。

目前，全球有数以千万计的人将思维导图作为帮助自己学习、思考和创新的工具，以下是部分用户使用思维导图后的评价。

“作为一个头脑风暴的工具，思维导图让我们感觉到想象力一下子打开了，新点子层出不穷，真是思如泉涌，这种感觉以前从来没有过，真是太棒了。”

——Sean Adams，总裁，Alpha Learning，荷兰

“思维导图可以让复杂的问题变得非常简单，简单到可以在一张纸上画出

来，让您一下看到问题的全部。它的另一个巨大优势是随着问题的发展，您可以几乎不费吹灰之力地在原有的基础上对问题加以延伸。”

——Dr Tony Turrill，管理学作家，英国

思维导图软件和工具：

1. Mindmanager：托尼·巴赞（Tony Buzan）参与了该软件的设计和指导，是一款全球使用最广的思维导图软件，通过搜索 Mindmanager 可以找到该软件的下载地址。

2. 在线制作思维导图网站 Mindpin，既可以在互联网上制作思维导图，也可以参考别人制作的思维导图。

网址为：http://www.mindpin.com

3. 微软 Office2003 以上版本 Visio 中自带的“灵感激发”模板也可以作为简单的思维导图制作工具。

“外行的忠告”

人人都有创新的潜质，但并非人人都能将自己创新的潜质发挥出来。对于成年人而言，因为忙碌，已经习惯了依赖自己的经验生活，同时只有在自己的圈子里才感到最舒适和快乐，最得心应手。但是从创新的角度讲，正是因为这些“舒适和快乐”阻碍了我们的创新：因为熟悉，所以我们熟视无睹，缺乏激发我们创新的来源和动力。

如果你想做一个善于创新的人，一个捷径是你需要尽量多接触非自己圈子里的人和事物：兴趣更广一些，心态更开放一些。除了跟自己圈子内的人交往，你还需要有不同领域、不同职能和不同年龄段的朋友。因为这些人看问题的视角和想问题的角度可能跟你完全不同，这种“完全的不同”可能就是你产生创新的激发点。跟他们交往并成为可以交流思想的朋友，在你们的沟通和交流中观察他们看问题的方式和方法，学习他们的经验和教训，听他们这些“外行的忠告”，对你产生创新将很有价值。

其实古人早就发现了这个道理，所谓“当局者迷，旁观者清”。在人的一生中，我们都是自己所在领域的“当局者”，也是别人领域的“旁观者”，有时候不妨听听这些旁观者的见解和观点，他们的忠告对于你产生创新的价值很

大。有一本书《像外行一样思考，像专家一样实践》讲的就是这个道理，但有的时候你很难像外行一样思考，因此，你需要找到真正的“外行”，真正去听他们的意见、建议和想法，然后用你的专业精神去创造。

要利用好本工具，你需要在日常的生活和工作中有意识地去结交各个领域的朋友，有意识地拓展自己的朋友的多样性（行业、领域、职能、年龄和背景等的不同），然后定期跟这些多样性的朋友去交流。

创新的本质在于“组合”，越不相干的地方组合在一起其价值可能更大，所以“外行的忠告”也是一种组合：将跟你不相关的领域知识组合到你的专业上来，这就是创新。延伸一下说，“外行的忠告”不仅来自于朋友，也可以来自于书籍、电影、电视和你的生活等。

测试一下你的朋友圈子是否能给自己提供“外行的忠告”。

1. 数数你的手机、MSN、QQ 或者其他联络工具上的人数，你认为是朋友的有多少位？

2. 在你的朋友中，年龄与你相差 8 岁以上的有多少人？

3. 你的朋友分布在多少个不同的行业（例如制造行业、政府机关、教育、农业等）中？

4. 你的朋友分布在多少个不同的职能岗位（例如高层管理、人力资源、财务管理、研发、销售等）上？

如果你的朋友所在的行业和职能都少于三个，那么你将很难通过“外行的忠告”获得创新的动力，这时候你需要有意识地去拓展自己的交际圈。

附　录

对个人知识管理现状测试题的解读

测试解读：

一、选择和填空题

1. 最近一个月内，你读了几本书？

A. 没有读　　B. 1 本　　C. 2 本　　D. 3 本以上

测试目的：这个题目的目的在于测试你是否有学习的习惯。作为知识工作者，持续学习应该成为一种习惯。如果说 50 年前的一个大学毕业生可以利用大学学到的知识工作一辈子，那么现在毕业的大学生如果有 5 年不学习，那么就一定会落伍和丧失个人的竞争力。

2. 你是否有自己尊敬的人，而且经常向他（她）学习并能够定期交流？

A. 是　　B. 否

测试目的：这个题目的目的在于测试你的知识获取方式问题。知识分为显性和隐性两种。在学校里我们学习更多的是显性知识，而当你毕业参加工作一段时间后你必须注重隐性知识的学习，比如通过建立你的人际关系学习。否则，如果仅仅依靠显性知识的学习是根本无法满足个人发展的需要的。

3. 你参加了几个网络社区，并能经常参与交流？

A. 没有参与　　B. 1~3 个　　C. 4 个及以上

测试目的：这个题目测试的也是知识获取的方式问题，提示我们要通过社区建立关系，然后学习。

4. 在 www.kmcenter.org 网站搜索一篇名为《知识资产的诡秘》的文章，用 Google 搜索，关键词该怎么写：________________

测试目的：首先，这个题目的答案是“知识资产的诡秘 site:www.kmcenter.org”。当然，这是一个比较简单的问题，目的主要在于测试知识工作者是否掌握信息和知识的搜索技能，而技能是比较容易学会的，与开车一样，只要去学习和练习每个人都能掌握。笔者建议对这还不熟悉的读者有必要下工夫学习一下有关Google和Baidu的搜索技巧，如果掌握了将会终生受益，同时学习难度也很小。

5. 如果你想关注徐静蕾的博客，应该采用什么方式？

A. 收藏该网址，每天上去看　　B. 用RSS订阅　　C. 用搜索引擎查找

测试目的：离开了信息，知识将无法发挥作用，如何快速、准确、低成本地获取信息是每个知识工作者必须考虑的问题，而RSS就是这样的一个工具，所以答案是B，RSS订阅是目前最好的信息获取方式之一。

6. 在你的电脑中，如果要找到2007年5月份出去旅游的照片，需要多长时间？

A. 马上能找到　　B. 5分钟以下　　C. 10分钟以下　　D. 10分钟以上

测试目的：这个题目的测试目的是个人知识和信息的存储，在PKM中大家讲的最多的是个人知识管理的软件，但通过测试可以发现，对于大部分人来说这并不是最大的问题，因为70%以上的人需要的时间都在5分钟以下。因此，答案是B。

7. 在www.kmcenter.org网站看到一篇文章，其中一段话对你特别有启发，觉得很有价值，你会怎么做？

A. 收藏到IE的收藏夹　　B. Copy成word文档并保存

C. 用社会性书签收藏并加上自己的评论

测试目的：因为是“一篇文章，一段话”，所以本题目的答案是C，最知名的社会性书签网站是美味书签，百度也提供相关的服务，叫百度搜藏。通过这种工具可以解决诸如“三天以前看到的一篇文章或一段话，今天要用的时候却找不到了”这样的问题。

8. 你的知识显性化的方式是什么？

A. 按照公司要求写文档　　B. 写博客

C. 写论文　　D. 发表演讲

测试目的：知识显性化是知识工作者必备的能力之一，知识显性化的过程也能促进个人知识的学习和传播，所以说对知识工作者很重要。每个知识工作者首先应该养成知识显性化的习惯，通过文档、博客、论文、演讲或者与人面对面交流，将自己的想法和见解传递出去，从而做到让别人了解你。

9. 你现在的知识可以做成一个什么样的产品或者服务提供给市场？

____;

如果需要团队，还需要拥有哪些知识的人？

____

测试目的：知识如何被使用？知识本身不具备价值，只有被使用的知识才能有作用。并且知识本身不能被销售，只有转化为产品和服务知识才能被销售。对于准备创业的人来说，这个问题需要深入思考。从个人发展的角度而言，必须考虑的是如何经营好自己的优势；从团队建设的角度讲，个人的弱点将制约组织的发展，所以，建设团队必须考虑不同知识工作者之间的搭配和协作。

10. 举一个你个人创造新知识的例子。

____

测试目的：其实知识创新并不神秘，它就在你的身边。做完每件事情后的总结和进步、不仅仅埋头做而且边做边思考都是创新的基础。

二、问答题

1. 在你的人际关系圈中，找出三位有特殊专长的朋友并与他们联系，需要多长时间？他们的特长分别是什么？

测试目的：这是关于人际资本的问题。我们首先是要建立人际地图：谁、做什么、擅长什么、什么个性等。其次人际关系需要维护成本。

2. 你认为自己在个人知识管理的五个环节（学习、保存、共享、使用与创新）中存在的主要问题是什么？应该如何解决？

测试目的：不同发展阶段的人有不同的PKM方面的问题，确定你当前阶段的主要问题并解决它。

通过个人知识管理促进组织KM实施

组织只有从个人学习中学习。个人学习不能保证组织的学习，但没有个人学习，组织的学习绝无可能。

——彼特·圣吉

知识管理在中国的发展已经有十年左右的时间了，我国已有众多企业通过实施知识管理提升和建立了企业核心竞争力，也有更多的企业开始着手去做知识管理的工作。但从整体状况来看，我国知识管理的情况不容乐观，其中一个最重要的原因是知识管理成为员工一项“额外的工作”。虽然投入巨大的财力、人力购买相关的软件和咨询服务，但由于员工认识不到知识管理给个人带来的价值，反而认为知识管理与己无关，是老板或者知识管理部门的事情，甚至会削弱他们的竞争力，从而拒绝参与，导致知识管理在企业无法推行。

由于知识管理会涉及企业的战略、人员、文化、流程、制度和IT平台等多个方面的组织变革，员工因为不理解而产生抵触情绪也很正常，其实任何变革都有这样的过程。但是要想将组织的知识管理推向深入，还必须让员工理解知识管理、理解知识管理对于员工个体的价值，因为只有理解了自己在知识管理中的所得和付出后，他们才会真诚地参与到知识管理过程中来。

为什么实施组织知识管理要提倡个人知识管理?

从我国的文化传统来看，我们更多的是关注集体而甚于个人。比如我们强调国富民强而很少认识到民富国强，我们强调大河有水小河满，但很少换个角度考虑，其实如果小河水多了大河也一定满。而且主流的经济学观点也并不追求国家、政府有多少钱而是要藏富于民。

2006年《时代周刊》杂志将其最具分量的年度人物授予互联网上的网民“YOU”，并认为从那时候起开始了一个“YOU”时代：更加注重个体的作用和力量。著名管理学大师德鲁克曾说过，在整个20世纪，管理学的最大贡献是将体力劳动者的生产率提高了30%~50%，而整个21世纪，管理学的最大任务就是如何提高知识工作者的生产率。

作为一个管理者，你也许早已经发现了，现在的人越来越不好管了。为什么？因为这些知识工作者的工作主要依靠脑力，处理信息和知识是其主要工作内容，思考是他们的工作方式，对工作成果的衡量变得更加困难。而企业的发展和竞争却更加依靠知识，依靠这些知识工作者，在这种情况下，怎么办？许多企业找到的解决办法是实施知识管理，最高层领导重视和强调，各业务部门参与，投入时间和金钱等成本，结果却收效甚微。

为什么？因为知识工作者没有看到知识管理给他个人带来的价值和好处。

知识的载体是人，只有人能创造知识、使用知识。而如果这些人不认可你的知识管理，那你的知识管理绝对不可能成功。我们无法像要求体力劳动者那样按件和数量计算知识工作者的劳动成果，对自己不愿意参与的事情他们能够找到一万个理由拒绝。国外的知识管理先行者们早就发现了这个问题，“在知识管理发挥真正价值之前，实施知识管理是一个冗长复杂的、费时、容易引起争议的过程，并且经常耗费大量的时间、金钱，需要公司高层的支持。同时，如果知识工作者认为实施知识管理仅仅给他们的老板带来好处的话，那他会认为充分展示个人知识价值的最好方法是跳槽或保持独立”。

那么怎么办？笔者认为，应该将个人知识管理和组织知识管理的工作结合起来进行。Compaq 前知识管理主管 Batista 认为，“你可以做个独裁者，告诉你的员工这些工具是必须要使用的。但你还有第二个选择，就是采用民主的方式，告诉大家为了我们共享方便，我们要建立一个拥有相同分类和元数据的知识库。第三个方法就是你可以让知识管理从个人开始，通过个人知识管理系统或者门户，给员工提供一些基础的工具，然后让个人在组织的基础上尽情表演!”

阅读完本书你就可以明白，个人知识管理并不是鼓励人们各搞一套，重复劳动，而是更多地鼓励人们积极主动地向同事学习，充分使用他们的知识。个人知识管理主张知识工作者应该主动共享自己的知识，“让别人知道我知道”，帮助提升个人的能力和水平，通过知识共享树立个人品牌。个人知识管理里面的知识学习、知识保存、知识共享、知识使用和知识创新与企业组织的相关活动紧密关联，组织知识管理与个人知识管理完全是相辅相成的。

如果你是管理者，请设想一下，如果你的员工都是热爱学习并且具备学习能力的人，那么整体的员工素质一定会很高；如果你的员工都习惯了按照分类、从客户的角度去分享和保存他们的知识，那么你的企业知识库的建立和使用会绝对优秀；如果员工都积极主动地参与知识创新、强调知识使用，那么你的企业一定会是同行业里面最优秀的知识型组织。

由于不同企业所处的发展阶段和情况不同，目前还有众多的企业没有开始实施知识管理。对于这类单位，更可以把个人知识管理作为其组织实施组织知识管理的一个突破口：如果大部分员工了解、理解并实施了个人知识管理，那么组织知识管理的实施就可以顺理成章地提上日程。因为这些员工对个人知识管理已经有所体验，他们感觉到了个人知识管理的价值，所以他们自然会成为组织知识管理的拥护者和推进者。即使不做整个组织规模的知识管理，因为通过进行个人知识管理而提升的个人竞争力，在适当的企业文化引导下，也会使公司竞争力倍增。

中国人习惯了大家都做一群羊，好像这样便于管理。但是一群绵羊的合力和一群狮子的合力能比吗？一群狮子中间会有矛盾，但一群羊中间会没有矛盾？怎栏使一只羊变成狮子，怎样使一群羊变成一群狮子，其实就是实施个人知识管理和组织知识管理！

记得一位知名企业的知识管理经理曾经说过，“如果企业中的员工个个PKM做得好，自然学习的目的性更强，对知识的理解和吸纳会更加到位，提供的知识也会更加有价值。个人知识管理与组织知识管理是相辅相成的关系，那些忽视个人知识管理，单纯强调组织知识管理的论调，是知识经济时代中‘愚民政策’的延续，也是一种不尊重知识提供者的意识”。

现在，包括中国移动、李宁集团、金蝶软件在内的众多有远见的中国企业，都在用个人知识管理来提升公司和个人的竞争力，这是一个非常好的现象。笔者相信，今后会有越来越多的企业加入到重视并实施个人知识管理与组织知识管理的队伍中来。